A：日本陸軍戦車の特徴
JAPANESE TANK CHARACTERISTICS

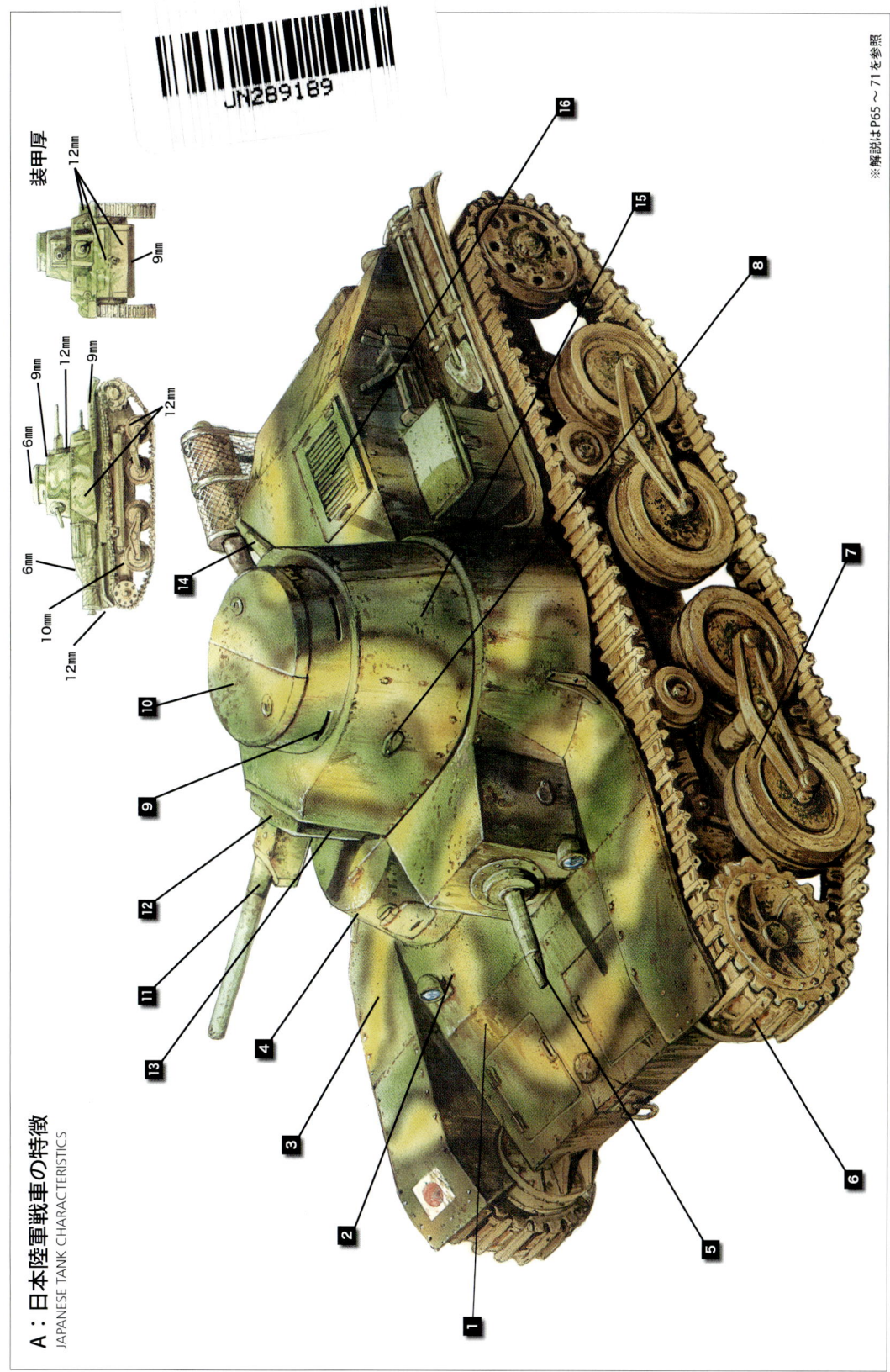

装甲厚

※解説は P65〜71 を参照

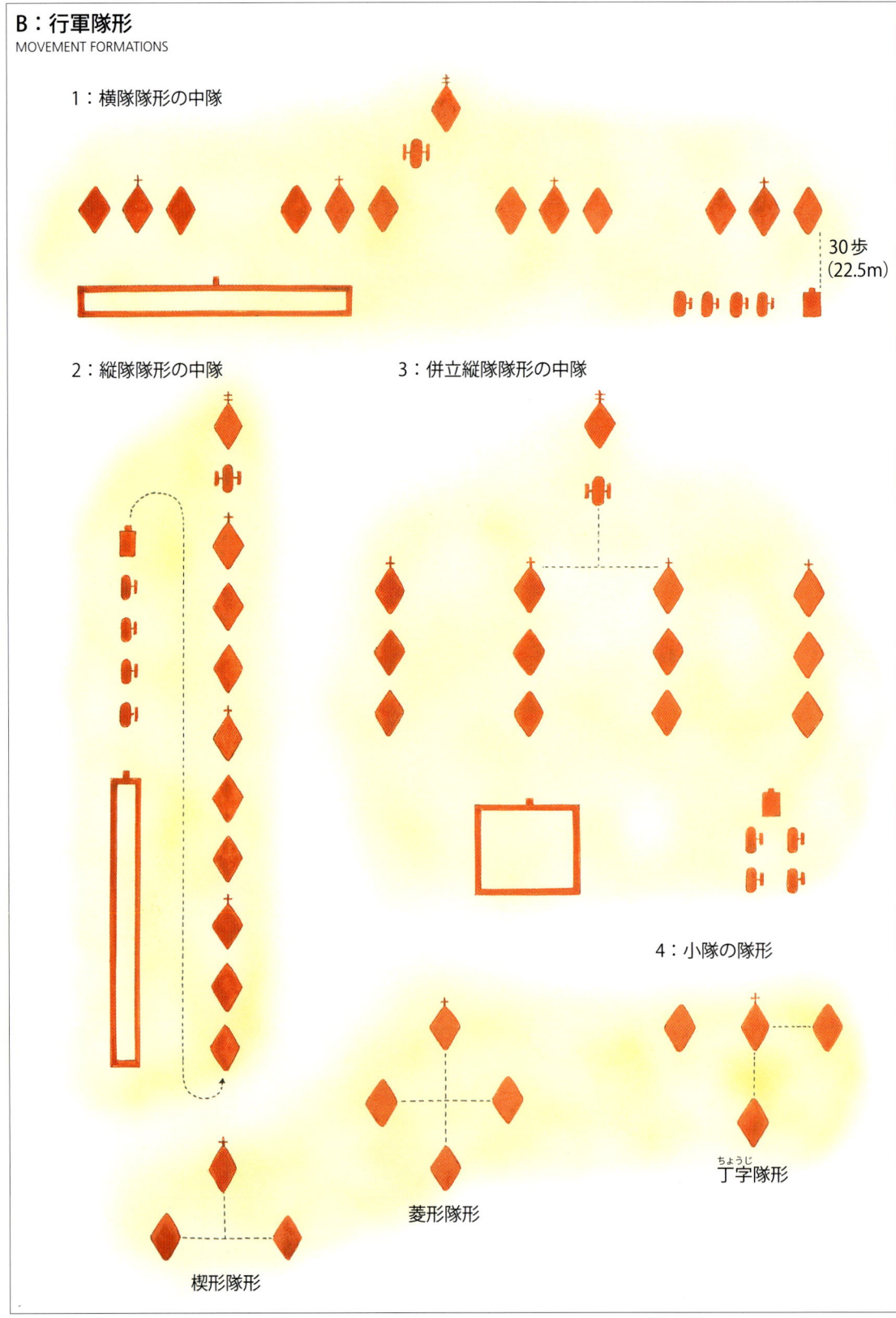

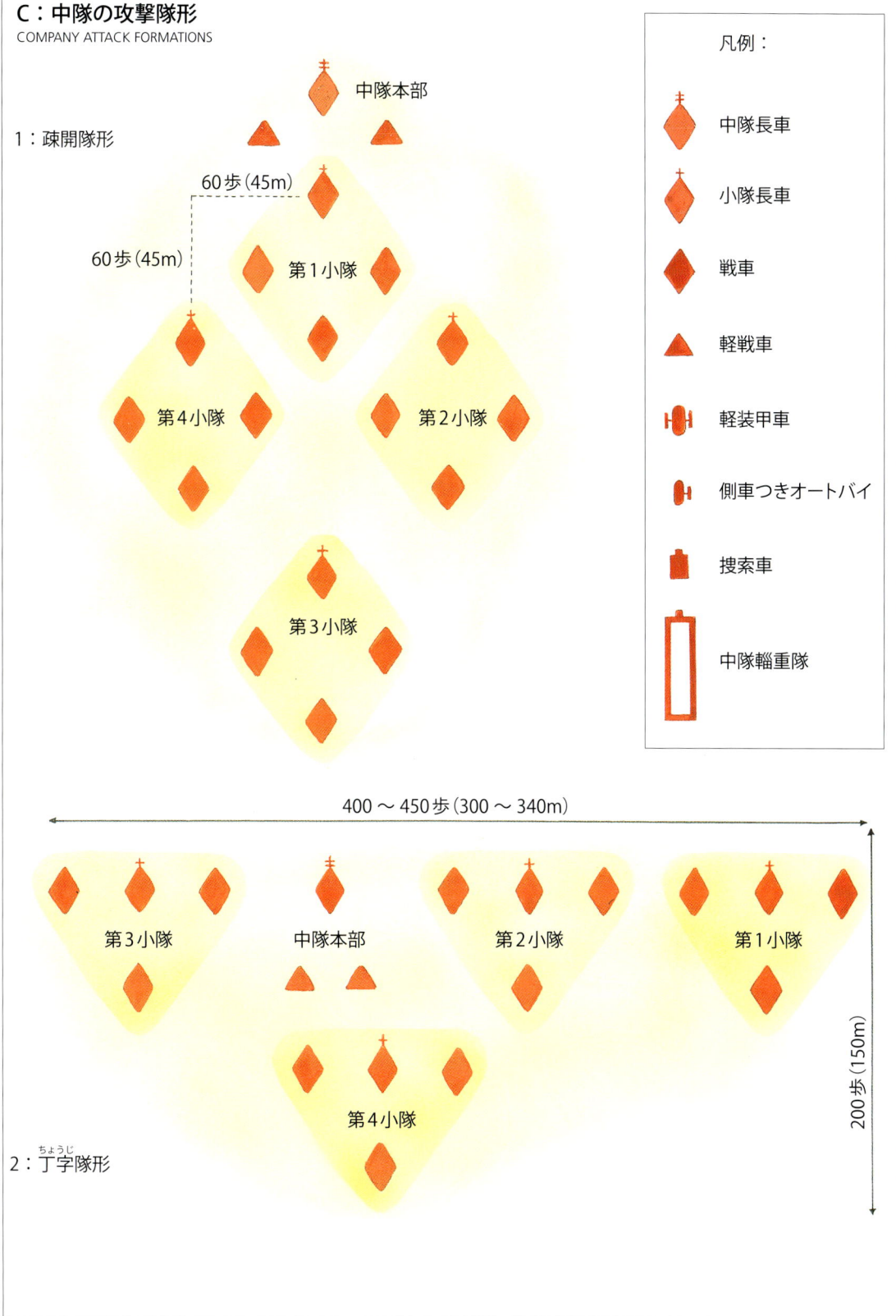

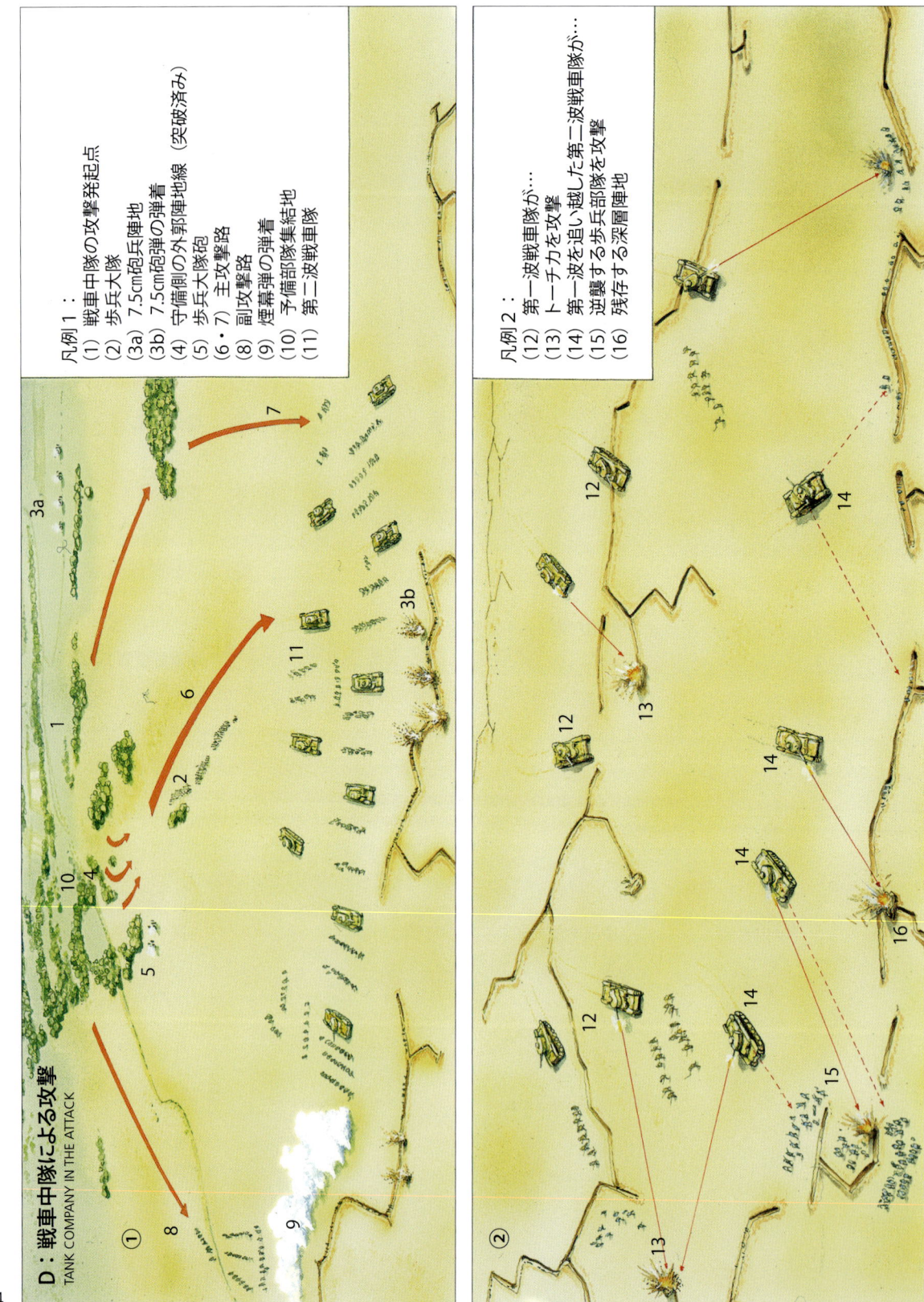

E：中戦車中隊の構成
MEDIUM TANK COMPANY STRUCTURE

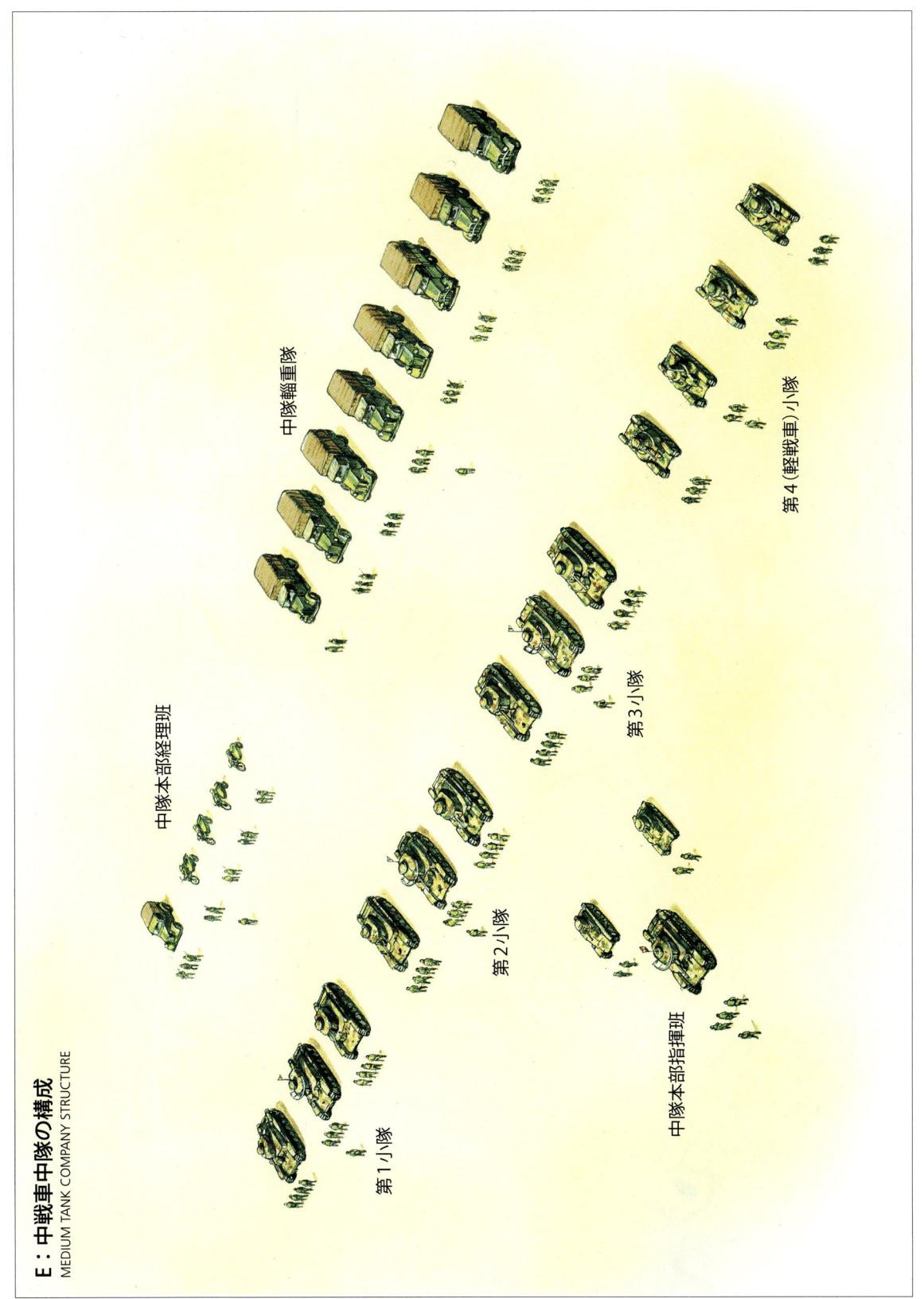

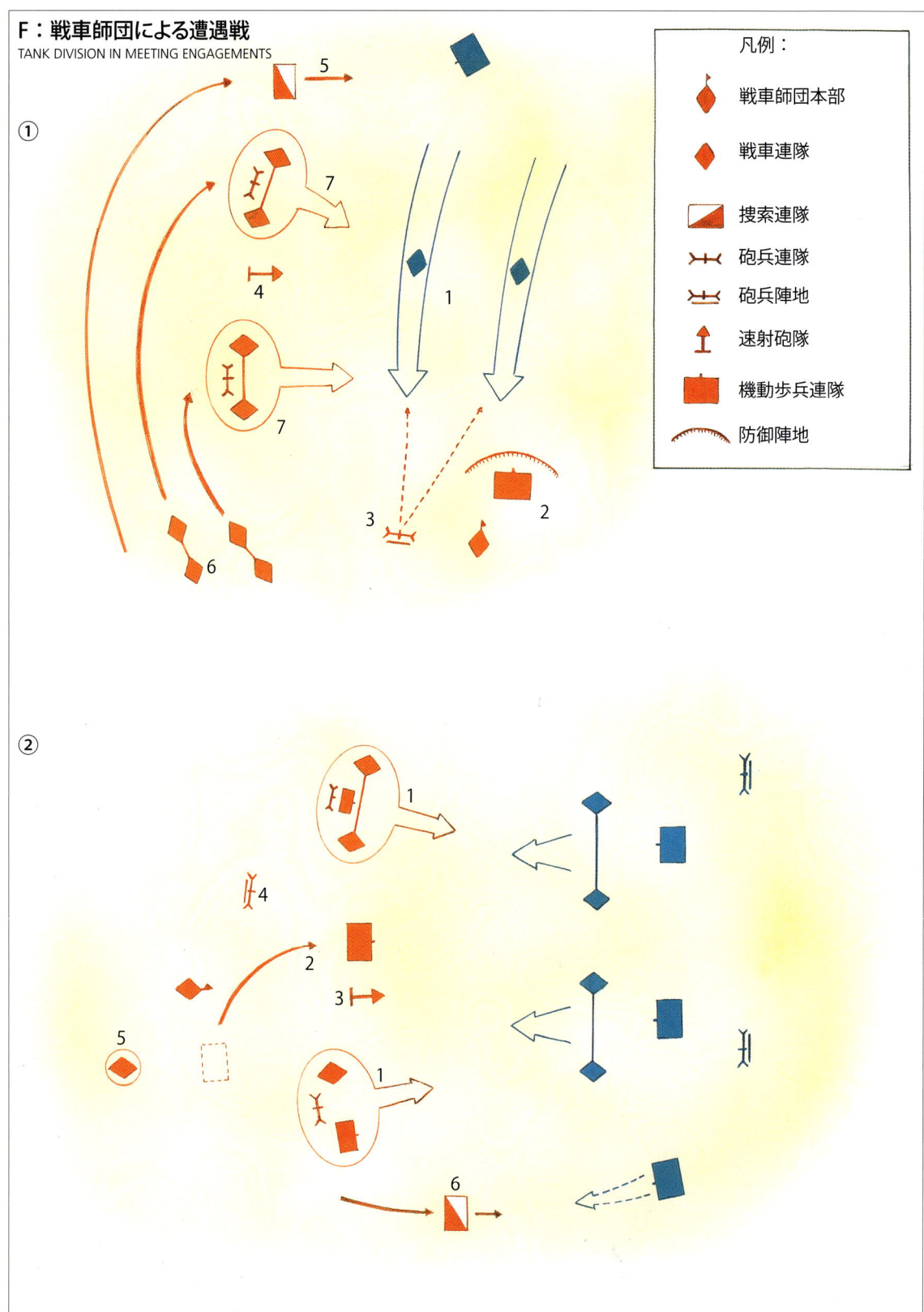

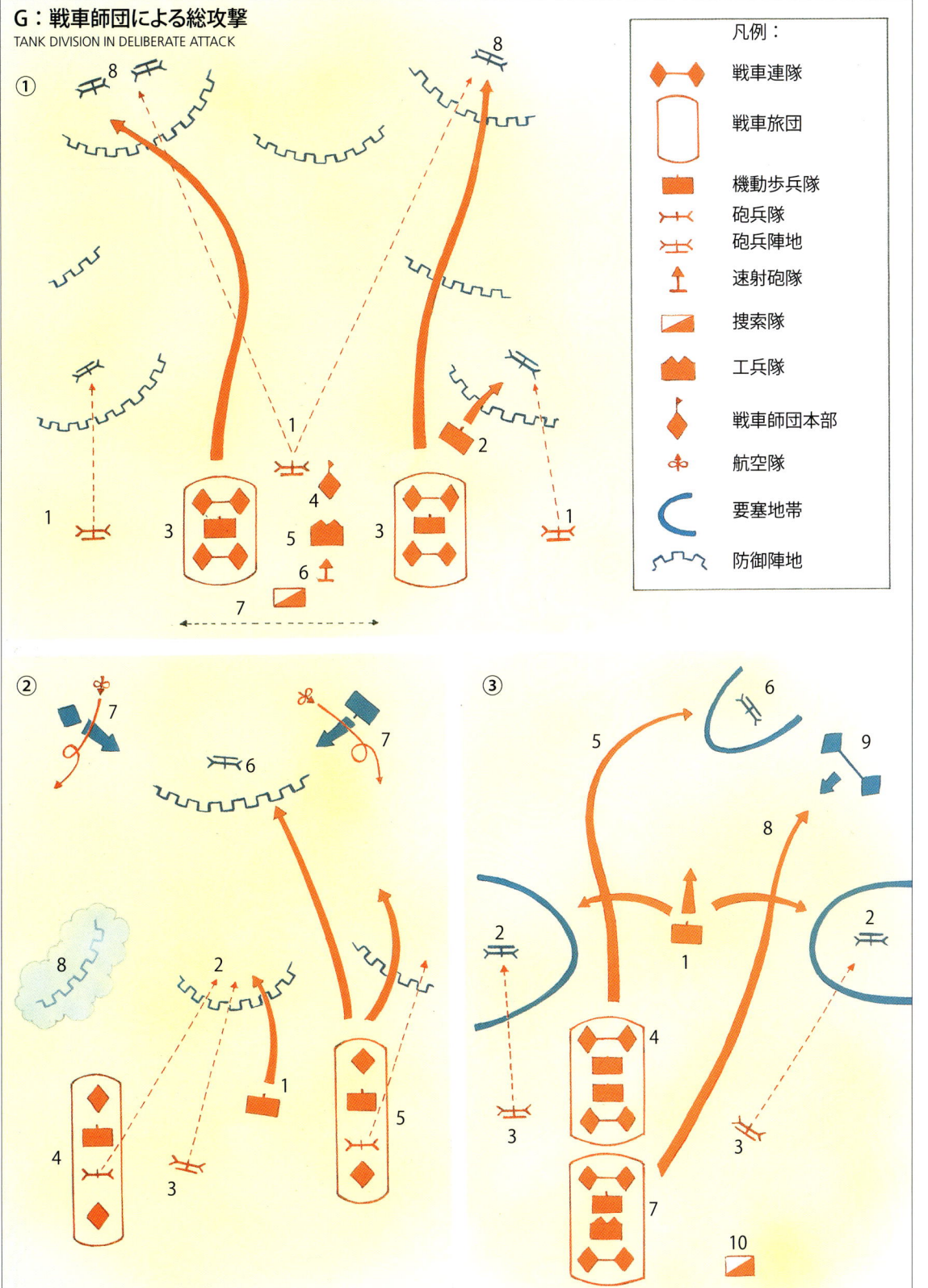

H: 戦車隊と歩兵による攻撃　1930年代末、中国
TANKS AND INFANTRY IN THE ASSAULT; CHINA, LATE 1930s

Osprey Elite
オスプレイ・ミリタリー・シリーズ

[世界の軍装と戦術]
5

第二次大戦の帝国陸軍戦車隊

[著]
ゴードン・L・ロトマン、滝沢 彰
[カラー・イラスト]
ピーター・デニス
[訳]
平田光夫
[監修]
鈴木邦宏

World War II
Japanese Tank Tactics

Text by
Gordon L Rottman & Akira Takizawa

Illustrated by
Peter Dennis

大日本絵画

目次 contents

11　序章
　　INTRODUCTION
　　●1934年、独立混成第1旅団の誕生 ― 1941年、機甲科の創設

14　部隊編成
　　UNIT ORGANIZATION
　　●戦車連隊 ― 捜索隊 ― 戦車団と戦車師団 ― その他の戦車隊

23　ドクトリン（信条）
　　DOCTRINE
　　●歩兵支援から攻撃の主力へ ― 分散派遣

26　戦術
　　TACTICS
　　●攻撃 ― 射撃法 ― 夜襲 ― 対戦車戦術 ― 防御
　　●隊形：機動 ― 中隊と小隊 ― 連隊と師団

33　戦車兵
　　THE TANK TROOPS
　　●選抜と基礎訓練 ― 戦車学校

36　通信と整備
　　COMMUNICATIONS & MAINTENANCE

41　戦歴
　　BATTLE HISTORY
　　●1932年、中国・上海 ― 1937〜38年、中国 ― 1944年、中国
　　●1941〜42年、マレー
　　●1942年、ビルマ ― 1944年、インパール
　　●1942年、オランダ領東インド諸島
　　●太平洋の島々：1942年、ガダルカナル ― 1944年、サイパン ― 1945年、ルソン
　　●1945年、中国・満州

63　まとめ
　　SUMMARY

64　参考文献
　　SELECT BIBLIOGRAPHY

65　巻頭イラスト解説
　　PLATE COMMENTARIES

◎著者紹介

ゴードン・L・ロトマン
1967年、米陸軍に入隊。特殊部隊に志願し、兵器特技官の訓練を修了。1969〜70年にヴェトナムで第5特殊部隊群で勤務。その後、空挺歩兵、長距離パトロールならびに諜報任務等に26年間従事したのち除隊。統合即応訓練センターで特殊作戦部隊のシナリオライターを12年間務め、現在はフリーライターとして活動する。テキサス州在住。

滝沢 彰
1954年生まれ。東京大学で歴史を専攻し、ウォーゲームのコンピュータ・ソフト開発プログラマーを務めたのち、現在は日本帝国陸軍の研究に専念し、自身も帝国陸軍のウェブサイト（http://www3.plala.or.jp/takihome/）を運営。日本の戦車研究グループ「j-tank（ジェイタンク）」のメンバーで、現在は妻とともに東京在住。

ピーター・デニス
1950年生まれ。子供のころに読んだ絵本『ルック＆ラーン（Look and Learn）』などに刺激され、リヴァプール美術専門学校でイラストを専攻。以来、彼の作品はオスプレイ・シリーズを含む歴史関係の書籍など数百冊に掲載されている。熱烈なウォーゲーマーで、また熱心なモデラーの一人でもある。英国ノッティンガムシャー州在住。

謝　辞
編纂にあたり下原口修、中村勝巳、Jim Hensley、Armyjunk、Tomasz Basarabowicz、日向昭了の各氏に写真を提供いだいた。

序章
INTRODUCTION

注1：オスプレイ・ニューヴァンガード83巻「Armored Units of the Russian Civil War: White & Allied (ロシア内戦の機甲部隊：白衛軍と赤衛軍)」および95巻 Red Army（ソ連陸軍）」参照（どちらも未翻訳）。

　1918年に日本軍はイギリス製のホイペット戦車数輌を入手したが、それらをほとんど使用しなかった。大半が歩兵学校に配属されたものの、ロシア革命の末期に2輌がウラジオストックに配備された [注1]。翌年、13輌のフランス製ルノーFT軽戦車が入手され、より有効であることが判明した。これらは1925年に第12師団第1戦車隊に配備され、1932年には数輌が満州に送られ満州事変で実戦を経験した。1920年代には改良型のルノーNC27が購入され、日本軍ではルノー「乙型」の名で使用された。

　日本軍は上記以外の外国製戦車も購入しようとしたが、入手できたのは旧式のルノーFTだけだった。過去に例がなかったにもかかわらず、日本陸軍の技術本部は軽戦車の開発を1925年に命じられた。最初の試作車は重量が過大だったものの、設計は引きつづき進められ、八九式（1929年）が誕生した。本車は重量が10トンを超えたため、分類は中戦車に変更された。量産は1931年にようやく始まった。そのころ日本は研究用にイギリスのヴィッカース軽戦車1輌を購入し、この戦車のガソリンエンジンが引火しうるという貴重な教訓を得た──これが日本軍に戦車には難燃性に優れたディーゼルを搭載するという決断をさせた。

　最初の量産型戦車、八九式乙型は1935年に登場した。同年にはガソリンエンジン搭載の九四式軽装甲車も登場する。同車には搭載量3／4トンの全装軌式の小型無蓋被牽引車（トレーラー）が付属し、弾薬や補給物資を前線部隊に輸送できた。この装甲車につづいて九五式軽戦車ハ号が登場したため、先行していた九二式重装甲車（騎兵戦車）の生産はごく少数に終わった。新型中戦車九七式チハの量産は1938年に始まる。1939年にはディーゼルエンジン搭載の九七式軽装甲車が生産開始されたが、これは被牽引車をもたず、偵察車輌としての性格が強くなっていた。その後、より大型で武装が強化された戦車も開発されたが、それらは実戦に使用されることはなく、本土決戦用に温存されていた [注2]。

注2：日本の戦車についての詳細はオスプレイ・世界の戦車イラストレイテッド37『日本の戦車1939－1945』参照。

独立混成第1旅団
1st Independent Mixed Brigade

　1920年代末以来、イギリスとフランスで発足していた機甲部隊を研究していた日本は1934年に大日本帝国陸軍に機械化部隊、独立混成第1旅団を創設した。この小規模な多兵科総合部隊は戦車第3および第4大隊、トラック搭乗の歩兵および砲兵大隊数個、捜索中隊1個、自動車化された工兵中隊1個からなっていた。本旅団が中国へ派遣されることになった1937年当時、戦車第3大隊は連隊に改編中だったため、本旅団で戦闘に参加したのは第4大隊のみだった。

臨時派遣第1戦車隊所属のフランス製ルノーNC27軽戦車、満州での撮影。この37mm砲装備、乗員2名の輸入戦車は1937年1月にハルピン近郊で日本軍戦車として最初に実戦を経験し、翌月の『上海事変』にも参加した。

九〇式57mm戦車砲と九一式6.5mm車載機銃を装備した八九式中戦車。バケツ形の初期型展望塔に注意。車体銃と操縦手装甲窓のあいだに見える真鍮製の星章は大日本帝国陸軍の統一徽章だった。

　中国の荒野では多くの問題が起こった。初期の戦車は低速で故障も多く、自動車化された歩兵部隊に随伴するのも困難だった。しかし最大の問題は機械化部隊の実力と弱点を保守的な参謀たちが理解していないことだった。1937年、北部のチャハル地方における諸作戦で、察哈爾派遣兵団司令の東条中将は同旅団の戦力を歩兵支援のために大きく分散させた。東条中将の命令に反対した同旅団長酒井大佐は命令違反に問われ、その後、司令部と同旅団との関係はきわめて険悪になった。中国からの帰還後、酒井は解任され、関東軍は独立旅団を解隊した。同旅団に所属していた戦車連隊は代わりに編成された第1戦車団に配属された。これは戦車隊だけからなる部隊で、ふたたび戦車は適宜歩兵部隊に配属され、歩兵支援に専念する存在に成り下がってしまった。1939年7〜9月、満州・モンゴル国境のハルハ川とノモンハンで、関東軍は強力な機甲部隊に支援されたソ連陸軍に敗北した。満州の平原は戦車戦には理想的で、集団運用や包囲戦が可能だった。しかし日本軍は効果的な多兵種総合運用能力を欠いていたため、戦車隊を有効に活用できなかった。

機甲科の創設
Armored Forces

『ノモンハン事件』後も日本陸軍では機甲部隊の優秀さや歩兵部隊のみではソ連軍に対抗できないという事実を認めない参謀が多かった。かれらは所詮あれは辺境での小ぜり合いにすぎず、機甲部隊の優越性を証明したわけではないと考えていた。だがドイツ軍機甲部隊がポーランドとフランスで圧倒的な勝利を収めると、さすがに最も保守的だった日本軍の参謀たちも驚嘆した。ドイツ陸軍は長年にわたり日本陸軍の模範だったため、日本陸軍の将官にその崇拝者は多かった。この厳然とした事実を前に機甲部隊の価値への疑念は一掃され、日本陸軍機甲部隊の編制の刷新と拡大が叫ばれるようになった。

1941年春、機甲科が日本陸軍の確固とした一兵科として設立された。それまで戦車隊は歩兵科に属していた。戦車隊の再編成に先立ち、その主導権争いが騎兵科とのあいだに起こったが、最終的に騎兵科は新設の機甲科に吸収された。機甲本部の初代本部長は吉田 悳中将で、かれはかつて騎兵科の長として機甲部隊の改革を強く主張していた。上層部の組織が再整備されたものの、実際の機甲部隊の再編成は太平洋戦争のきっかけとなった南方進出が終了してから開始された。戦車部隊が南方から満州へ帰還したのち、1942年6月に3個戦車師団が編成された。7月には満州で2個戦車師団と1個戦車団を擁する機甲軍が創設された。

1932年末に登場した八九式中戦車甲型（本車の開発はその後もつづけられていた）。砲塔後部の機銃取りつけ部が塞がれているのに注意。本車には越壕用の尾体（橇：そり）が装着されているが、障害物を乗り越える場合はかえって邪魔なのがわかる。ただし戦場で装備品をくくり付けるのには役立ったろう。

部隊編成
UNIT ORGANIZATION

　戦車隊には軽戦車、中戦車、砲戦車[注3]、軽装甲車など以外にも、さまざまな車輌が所属していた。あらゆる種類のトラックが配備され、そのなかには徴発された民間車も含まれていたが、日本陸軍のトラックで全輪駆動のものはほとんどなかった。乗用車には普通のセダン型自動車だけではなく、ジープのような九五式小型乗用車もあった。九七式自動二輪車は大半が側車つきで、伝令や連絡に使用された[注4]。

注3：砲戦車とは低初速の榴弾砲を装備した歩兵支援用の戦車であり、ドイツ軍の突撃砲に相当する。この目的専用の戦車を新規開発する計画はほとんど実現せず、既存型の戦車がその任にあてられたが、後に対戦車戦闘用の戦車として大口径砲を装備したものが実用化されていた。

注4：本書に登場する日本軍の戦車、車輌、装備品などの多くは九何式という制式名だが、これは日本紀元によるものである。西暦に直すには単に九を3に読み替えればよい。例えば九五式とは皇紀2595年式ということで1935年型となる。一式ならば皇紀2601年式、つまり1941年型である。

戦車連隊
The tank regiment

　当初は戦車大隊が戦車隊の基幹部隊だったが、これは1938年に連隊に改編される。その後、戦車連隊が基幹的な作戦部隊となったが、その構成はさまざまだった。規模的には大隊に相当する連隊は兵力700〜850名だったが1,000名を超える場合もあり、戦車数は30輌強から50輌強だった。連隊長は普通は大佐だったが中佐のこともあった。中隊長は少佐か大尉だったが中尉のこともあり、小隊長は少尉だった。これらの士官は全員が戦車長を兼任していたが、それ以外の戦車長は軍曹だった。連隊には専属の整備隊、輜重隊、衛生隊が所属し、従来型の大隊よりも独立性が高かった。3個ないし4個の戦車中隊は軽戦車か中戦車を装備するか、両者を混成装備していた。戦車中隊が2個しかない連隊もあったが、普通は2個ないし3個の中戦車中隊に軽戦車中隊が1個あり、連隊によっては軽戦車中隊を軽戦車小隊に分けて各中戦車中隊に編入したり、軽戦車中隊そのものを廃止していた。軽戦車を定数装備していた連隊は数個しかなかった。中隊

1939年夏の『ノモンハン事件』のさなか、車座になって昼食をとる戦車兵たち。緩衝材入りの戦車兵帽がアジアの大平原の強烈な日差しを防ぐのに多少役立っている。手前には八九式中戦車、後方には九七式中戦車1輌と連隊指揮車数台が見える。この九七式は当時モンゴル国境にいた第1戦車団所属のわずか4輌のうちの1輌。

1930年代、路上を行軍する戦車第2連隊。先頭を行く側車つきオートバイ、4輪および6輪式の九三式乗用車の一団は連隊本部付車輌。

本部は通常軽戦車または軽装甲車1、2輌と中戦車1輌を（中戦車中隊の場合）装備していた。戦前は戦車小隊は4ないし5輌の戦車を装備していたが、のちに戦車3輌からなる小隊が主流になった。連隊にはトラック化された整備中隊が1個あり、各戦車中隊には自動車化された輜重隊が所属した。これは隊長である曹長1名をはじめとする下士官4名、兵約20名からなるのが普通で、そのなかには整備員数名が含まれていた。8台のトラックで弾薬、燃料ドラム缶、補給物資、装備品、工具を輸送した（標準的な戦車中隊の編成は図版Eに図示した）。

初期の戦車連隊の編成は標準化されていなかった。以下はその一例である。

戦車第4連隊（1939年）
連隊本部
81名；九五式軽戦車×2、九四式軽装甲車×2
軽戦車第1中隊
80名；九五式軽戦車×9
軽戦車第2中隊
80名；九五式軽戦車×9
軽戦車第3中隊
81名；九五式軽戦車×9
中戦車第4中隊
111名；八九式中戦車×8、九四式軽装甲車×2
連隊輜重隊
128名；九五式軽戦車×5
合計兵力：561名

1940年代初頭の戦車連隊は以下の構成が標準的になったが、戦車の種類や部隊構成が異なることもあった。

戦車連隊（1941年）
連隊本部

九五式軽戦車×2、九七式中戦車×1
軽戦車中隊（第1）
九五式軽戦車×13
中戦車中隊（第2〜4中隊）
各九七式中戦車×10、九五式軽戦車×2
整備中隊

　1940年までに15個の戦車連隊が編成され、第1から第15までの番号が与えられた。1941年から'42年にかけてさらに7個の連隊が創設され（第16〜19、第22〜24）、1944年にはさらに9個（第25〜30、第33〜35）が加わった。1945年には新たに15個連隊（第36〜48、第51、52）が発足した。これらの戦争末期の部隊の多くは戦力強化型の連隊で、戦車第4師団または各独立戦車旅団に所属していた。以下の編成表は本土決戦に投入される予定だった連隊の定数を示しているが、実際には多くがこの戦力に達せず、また配備された戦車も表より旧式だった。

決号編成（甲）戦車連隊（強化型戦車連隊）（1945年）
連隊本部
85名；九七式中戦車改×3、九五式軽戦車×1、乗用車×1
中戦車中隊（2個）
各114名；九七式中戦車改×10、九五式軽戦車×2
砲戦車中隊（2個）
各119名；三式砲戦車または三式中戦車×10、九五式軽戦車×2
自走砲中隊
152名；一式自走砲（75mmないし10cm砲）×6、装甲兵車×4
勤務中隊
368名；九五式軽戦車×1、装甲兵車×8

1930年代中期、千葉県習志野の戦車第2連隊駐屯地における八九式中戦車甲型。よく見ると砲塔が3種類あるのがわかる。

小銃×292、軽機関銃×10、擲弾筒×10、火焔放射器×4
整備中隊
129名；九七式中戦車改×2、九五式軽戦車×1、トラック×10、軽修理車×2
合計兵力：1,200名

1940年から1941年にかけて既存の騎兵連隊は捜索連隊や師団捜索隊に改編された。これらはトラックや軽装甲車などで自動車化されていた。そうした650名規模の部隊の標準的な編成は以下のとおりだった。

捜索連隊／隊（1941年ごろ）
連隊／隊本部
自動車第1、第2中隊
各歩兵200名
軽装甲車第3、第4中隊
九四式または九七式軽装甲車×8
整備小隊
通信小隊

戦車団と戦車師団
Tank groups and divisions

多数の連隊を統括するため、第1および第3戦車団が1938年から40年にかけて満州で創設されたが、第2は1941年にマレー作戦のために本土で編成された。各団は3個連隊からなり、中隊規模の輜重隊（トラック140台）と小規模な整備隊が所属していた。戦車団は経理業務と兵站支援は行なえたが、戦術的な命令指揮を果たす機能はなく、限られた整備支援を提供するのが限界で、組織的な歩兵、工兵、砲兵支援力をまったく欠いていた。つまり戦車団は効果的な機甲作戦に不可欠な多兵科総合部隊にはほど遠いものだった。有効でないことが判明したため、1942年に戦車団は新たに編成された戦車師団に吸収された。

より有効で独立性の高い多兵科総合部隊をつくるため、戦車第1から第

九五式くろがね四輪起動車は戦車隊本部で偵察、連絡、指揮に使用された。

3師団が1942年中盤に満州で発足したが、これはシベリアの国境でソ連軍に対抗するためだった。戦車第4師団は1944年7月に本土防衛のために内地で設立された。各戦車師団には2個戦車旅団が所属し、これらにはそれぞれ2個戦車連隊が隷属していたが、連隊の編成は師団により異なっていた。公式の装備表ないし師団の編成は表にまとめたとおりである（P.21参照）。

　新編制の戦車師団は多兵科総合部隊として有効に組織され、バランスのとれた支援が可能だったが、機動砲兵連隊は自走砲よりもトラック牽引砲を装備していることが多かった。ほかの欠点としては、歩兵に対する戦車の比率が高いことがあった。アメリカ、イギリス、ドイツでは戦車と歩兵の比率の均衡点についてほぼ一致しており──むしろ歩兵の割合が多めの方が好ましいとしていた。しかし日本軍の師団では歩兵大隊3個に対し、大隊規模の戦車連隊が4個だった。機動歩兵連隊は全装軌式の一式装甲兵車ホキと一式半装軌装甲兵車ホハを装備することになっていた。現実にはこの種の車輌はごくわずかしかなく、ほとんどの部隊がトラックに頼っていた。たとえば満州の戦車第2師団機動歩兵第2連隊が受領していたのは一式装甲兵車ホキ17輌、九四式六輪自動貨車（トラック）57台、1／2トントラック7台、牽引車6台、指揮車3台、乗用車1台、修理車4台、バス2台、トレーラー4台だった。これらの車輌の一部はフィリピンへの輸送中に失われた。到着後は戦闘喪失や故障により同連隊の機動力と戦力は徐々に奪われていった。

　1944年初頭、師団からは旅団本部1個、戦車連隊1個、防空隊、捜索隊が廃止されたが、捜索隊は独立戦車連隊に改編されたためだった。残された唯一の旅団には3個戦車連隊が所属した。4個の戦車師団の構成は以下のとおりだった。機動歩兵・砲兵連隊などの師団部隊には親師団と同じ番号が与えられていた。

戦車第1師団「拓（タク）」

戦車第1旅団：戦車第1および第5連隊
戦車第2旅団：戦車第3および第9連隊
　1942年6月、満州寧安にて発足。1944年3月に戦車第2旅団が解隊、戦

（監修者注：日本陸軍に½トンサイズのトラックはなく、民間の徴用トラックは1½〜2トンが標準なので原書の誤りかと思われる）

駐屯地の自動車廠で九五式軽戦車ハ号の日常点検をする戦車兵たち。（写真／中村勝巳）

一式装甲兵車ホキの側らに並んだ戦車第1師団の工兵隊、満州にて。この全装軌式車輌は乗員2名のほかに13名が乗車できた。本車は中国とフィリピンで使用された。（写真／下原口修）

車第9連隊がマリアナ諸島に派遣され、捜索隊が独立して戦車第26連隊に改編となり、防空隊は中国へ派遣された。本師団は1945年3月に本土へ移動された。

戦車第2師団「撃（ゲキ）」

戦車第3旅団：戦車第6および第7連隊
戦車第4旅団：戦車第10および第11連隊

　1942年6月、満州公主嶺にて発足。1944年2月に戦車第11連隊が千島列島へ派遣された。1944年3月に捜索隊が独立して戦車第27連隊に改編され、防空隊が中国へ派遣された。本師団は1944年8月にルソン島へ派遣され、1945年1月に壊滅した。

戦車第3師団「滝（タキ）」

戦車第5旅団：戦車第8および第12連隊
戦車第6旅団：戦車第13および第17連隊

　1942年12月、中国包頭にて発足。1942年末、戦車第8連隊がニューブリテン諸島へ派遣され、第5旅団は廃止。本師団は1944年に中国中南部で作戦を行なった。所属部隊は1944年7月に独立戦車第6旅団となった。

戦車第4師団「鋼（ハガネ）」

戦車第28、第29、第30連隊

　1944年7月、千葉県で発足し、旅団編成はとらなかった。歩兵、砲兵連隊もなし。

南昌作戦中、渡河を前に停車した九四式軽装甲車の中隊。同戦線に派遣されていた13個の独立軽装甲車中隊は大半が1940年ごろから解体されはじめ、その装備は新たに編成された戦車連隊や中隊の本部へ引き渡され、偵察や連絡に使用された。

その他の戦車部隊
OTHER TANK UNITS

独立軽装甲車中隊
Independent tankette companies

　1935年、日本陸軍は11個の歩兵師団内に軽装甲車訓練所を設立した。日中戦争が1937年7月に勃発すると、13個の独立軽装甲車中隊がこれらの訓練所で編成され、中国へ派遣された。戦地では九四式軽装甲車は想定されてい

た輸送任務だけでなく戦闘にも使用され、道路や地点の掃討や防御拠点の建物への機銃制圧射撃などにも使用されるのが常態化していった。兵力118名の中隊には各4輌の軽装甲車からなる4個小隊が所属し、中隊本部には軽装甲車1輌に自動車2台とオートバイ4台があった。1930年代末以降これらの中隊の多くが解隊され、その装備は新たに編成された戦車連隊に引き継がれた。独立軽装甲車中隊のうち終戦まで活動していたのは1個のみだった。

独立戦車中隊
Independent tank companies

独立戦車中隊は戦車連隊から抽出された中隊を基本に編成され、連隊本部と輜重隊は独立運用のため強化されていた。最初の部隊は1932年に編成され、上海に派遣された。太平洋戦争中、12個前後の独立戦車中隊が編成され、サイパンとフィリピンの防衛のために輸送船で送られた。これらは個別に配置されたが、固定防御陣地で使用されることが最も多かった。

師団戦車隊
Divisional tank units

1940年以降、機械化されていた第1、第8、第12師団に中隊規模の戦車部隊、師団戦車隊が設けられた。これらは軽戦車ないし軽装甲車を装備することになっていた。太平洋における海外作戦師団群──連合軍の呼ぶところの「連隊戦闘チーム型師団」──には、組織的な師団戦車隊が所属していた。やはりこれらも小さな島嶼の守備隊で運用された。

独立戦車旅団
Independent tank brigades

1944年から45年にかけて第1から第9までの独立戦車旅団が編成された。第1および第9は満州に配置されたが、それ以外は本土に置かれた。これらには歩兵隊と砲兵隊がなく（表参照）、その任務は歩兵師団を支援して逆襲部隊となることだった。つまり独立戦車旅団はかつての戦車団的な存在だった。

独立戦車旅団

旅団本部
71名；九七式中戦車新砲塔×3、九五式軽戦車×2、装甲兵車×2、乗用車×2、トラック×2

通信隊
139名；九七式中戦車新砲塔×3、九五式軽戦車×3、乗用車×1、トラック×5

戦車連隊（2個）戦車師団内のものと同様

高射機関砲隊
421名；四式双連20mm高射機関砲×12

整備隊
202名；トラック×10、重修理車×1、軽修理車×3

輜重隊
347名；トラック×72、軽修理車×1

歩兵第18連隊に配属されたこの戦車中隊は太平洋の島々へ"こま切れ"で送られた日本軍戦車隊の典型例である。1944年にマリアナ諸島のテニアン島守備隊として派遣されたこの中隊は写真の九五式軽戦車を9輌装備していた。

戦車師団（1942年）

師団本部
119名；軽戦車×2、中戦車×7、乗用車×20
戦車旅団本部（2個）各11名
戦車連隊（各旅団あたり2個、計4個）各：1,071名；装軌車輛×78、装輪車輛×21
    戦車連隊本部 90名；軽戦車×2、中戦車×1
    軽戦車中隊 110名；軽戦車×10
    中戦車中隊（3個）各：145名；軽戦車×2、中戦車×10
    砲戦車中隊 145名；軽戦車×2、砲戦車×10
    整備中隊 170名；重機関銃×3、トラック×76
機動歩兵連隊
3,029名；装軌車輛×222、装輪車輛×87：
    連隊本部 115名
    歩兵大隊（3個）、各：歩兵大隊本部 147名、軽機関銃×1
    歩兵中隊（3個）、各：181名；軽機関銃×9、擲弾筒×9、一式機動47mm砲×2
    機関銃中隊 174名；重機関銃×12、トラック×13
    歩兵砲中隊 150名；四一年式75mm山砲×6
    整備中隊 250名；重機関銃×3
速射砲隊
444名；装軌車輛×45、装輪車輛×87
    速射砲隊本部 84名；重機関銃×4
    速射砲中隊（3個）、各：120名；一式機動47mm砲×6
    整備中隊 100名
捜索隊
694名；装軌車輛×91、装輪車輛×12
    捜索隊本部 80名；軽戦車×2
    軽戦車中隊（3個）、各：120名；軽戦車×10
    砲戦車中隊 140名；砲戦車×10
    機動歩兵中隊 150名；九四式37mm速射砲×3
    整備中隊 100名；軽機関銃×9、トラック×12
機動砲兵連隊
1,056名；装軌車輛×89、装輪車輛×73
    機動砲兵連隊本部
    野砲大隊 575名；3個中隊に九〇式75mm野砲×18
    榴弾砲大隊（2個）、各：440名；3個中隊に九一式10サンチ榴弾砲×12
防空隊
1,014名；装軌車輛×105、装輪車輛×63
    防空隊本部
    機関砲中隊（3個）、各：九八式20mm高射機関砲×6
    高射砲中隊（2個）、各：八八式7.5サンチ野戦高射砲×4
工兵隊
1,149名；装軌車輛×122、装輪車輛×50：
    工兵隊本部
    工兵中隊（6個）、各：140名；重機関銃×1、九四式37mm速射砲×1
    整備中隊 トラック×100
整備隊
778名；装軌車輛×15、装輪車輛×152
    整備隊本部
    整備中隊（3個）
輜重隊
765名；装軌車輛×106、装輪車輛×216
    輜重隊本部
    輜重中隊（4個）
    整備中隊
通信隊
患者収容隊 285名；車輛×50

注：軽戦車は大部分が九五式だったが、ごくまれに九八式や二式も存在。中戦車は九七式新砲塔か一式だった。砲戦車は二式ホイが予定されていたが、生産数が少数だったため、実際にはほとんどが九七式中戦車だった。

騎兵旅団戦車隊
Cavalry brigade tank units

　騎兵第1および第4旅団が満州へ派遣された1932年当時、その自動車隊は装甲車を数台装備していた。1933年、九二式重装甲車（機銃を装備した快速軽戦車）がこれらの部隊に配備されはじめ、装甲車を更新していった。1937年になると装甲車は九五式軽戦車に置き換えられ、部隊名称は騎兵旅団戦車隊に改められた。1940年までに第1から第4までの騎兵旅団はそれぞれ7輛から9輛の九五式軽戦車からなる戦車隊を保有するようになっていた。

　1942年に戦車師団が編成されると、騎兵第1および第4旅団の戦車隊は戦車第3師団の捜索隊に改編され、騎兵第3旅団の戦車隊は戦車第1師団の捜索隊になった。騎兵第2旅団は1941年にすでに解隊されていたため、騎兵科からは戦車隊が消滅した（日本陸軍の騎兵隊には2種類あったことに注意。ひとつは上記の旅団型の騎兵隊で、砲兵隊と若干の戦車をもつ重武装の部隊だった。これはのちに捜索連隊となった師団騎兵連隊とは別個のものである。後者は歩兵師団の一部を構成する大隊規模の部隊で、騎乗偵察が任務だった）。

海軍特別陸戦隊戦車隊
SNLF tank units

　1932年初頭に上海事変が発生すると、上海海軍特別陸戦隊はイギリスから輸入したヴィッカース・クロスレイ装甲車を急遽投入し、実戦に使用した［注5］。上海事変後、上海海軍特別陸戦隊の機甲戦力は強化され、6〜8輌の八九式中戦車と日本／英国製の装甲車数台を装備した戦車中隊が1個編成された。上海海軍特別陸戦隊の八九式中戦車は陸軍の星章の代わりに海軍の錨章をつけ、全体を国防色に塗っていた（軍艦色とする欧米の資料もあるが誤り）。日中戦争の開戦後、本戦車中隊は解隊され、車輌は上海で戦っていた海軍陸戦隊の歩兵部隊に配備された。海軍特別陸戦隊戦車隊の士官と下士官は東京湾をのぞむ房総半島にあった館山海軍砲術学校で訓練を受けており、戦車運用法だけでなく砲術も習得していた。同校には小規模な訓練戦車隊もあった。

　太平洋戦争中、日本海軍は特二式内火艇カミ水陸両用戦車──秘匿のため「内火艇」と称した──を開発し、いくつかの水陸両用戦車隊を編成した。海軍特別陸戦隊の戦車隊は通常型の戦車も装備しており、その大部分は九五式軽戦車だった。1943年に水陸両用戦車の搭乗員養成のため、Q基地が呉に近い情島に設立された。基地司令は伊東徳夫大尉だった。1943年10月、同基地から最初の水陸両用戦車隊がラバウル島とマーシャル諸島へ送られた。その後、さらに別の部隊がサイパン島、占守島、パラオ島へ派遣された。1944年には伊東大尉自らが指揮する戦車隊が同基地で編成され、フィリピンへ派遣された。同部隊はレイテ島のオルモックに上陸したが壊滅した。

注5：メン・アット・アームズ 432巻「Japanese Special Naval Landing Forces: Uniforms and Equipment 1932-45（日本海軍特別陸戦隊：軍装と装備 1932－1945）」参照。

日本海軍の特二式内火艇カミ水陸両用戦車の前部。本車は海軍特別陸戦隊の伊東戦車隊の所属で、フィリピンのレイテ島オルモック海岸で撃破された。37mm砲塔の後方に見えるのはエンジン通風筒。水上航行時は車体の前後に船形をした大型の浮き箱を装着するが、これらは上陸後に投棄された。

ドクトリン（信条）
DOCTRINE

　1930年代、日本軍の機甲戦ドクトリン（信条）では戦車は歩兵を支援するものとされていた。一般的に1個歩兵師団に1個戦車連隊が割り当てられ、その戦車中隊が各歩兵連隊に配属された。軽戦車中隊があれば、偵察と側面警戒に使用された。歩兵が敵陣地を攻撃する際、最大の脅威は機関銃だと考えられていた。機関銃陣地を制圧するのは砲兵隊の役目だったが、日本軍歩兵隊が目標から100～150m以内まで接近していると、遮蔽物のない場所では前進中の友軍を殺傷してしまう危険があるため敵陣地を砲撃できなかった。歩兵隊は7cmおよび7.5cm大隊砲でこの範囲を援護したが、直接射撃砲である歩兵砲は敵の砲火に脆弱で機動性を欠いていた。師団外から調達しないかぎり歩兵連隊には5cm重擲弾筒しか迫撃砲はなかった。

　この問題を解決したのが戦車だった。戦車が前進しながら敵の機関銃その他の重火点を射撃すれば、歩兵は敵陣地を制圧できた。戦車はいわば自走式歩兵砲だった。戦争後期の「砲戦車」はこれをさらに発展させたもので、より大口径の砲で歩兵支援を行なうものだった。新型の中戦車が対戦車戦闘を主眼においた高初速砲を装備したため、砲戦車の必要性はいっそう高まった。

　軽戦車の主要任務は本来は偵察だったが、ときには唯一の「主力戦車」となる場合もあった。軽戦車は弱敵相手の歩兵支援に向いており、かつての騎兵のように援護にも使用できた。

　ドイツ軍機甲部隊の大勝利ののち、日本陸軍は機甲部隊の編制刷新を決定し、1942年9月に公布された機甲作戦要務書にドクトリンが示された。その要点は以下のとおりだった。
＊戦闘の要諦は（戦車の）圧倒的な機動力と火力により敵を攻撃し殲滅することである。
＊任務達成のため、各兵科は戦車を支援するべく協同せよ。

1941年8月、中国の洞庭湖につながる新墻河を渡河する九四式軽装甲車。車体後部で防水布にくるまれた乗員の装備品がずぶ濡れになっている。金だらいに注意。中国では装甲車は野戦輸送車という本来の用途とは異なる任務──偵察、警戒、通信網の警備、市街戦、群衆整理などに転用されることが増えていった。本車は米軍やソ連軍との戦闘ではまったく無力だった。

これらの条項は明らかにドクトリンの変化を示している。戦車はもはや歩兵の従属物ではなく主力となり、他兵科が戦車隊に協力することになったのだ。以下のように。

＊歩兵は戦車を支援し、戦車とともに前進しつつ敵を攻撃し、陣地から敵を掃討し、側面を防御し、さらに夜襲を行なう。
＊対戦車砲は戦車を直協支援し、敵戦車を撃破する。
＊砲兵は戦車を支援し、敵砲兵隊および陣地を撃破する。
＊砲戦車は砲兵が制圧しえない近距離の敵対戦車砲およびその他の火器を撃破制圧する。

　この機甲軍の新ドクトリンが想定していたのはアジアの大平原における対ソ連戦だった。ソ連軍は日本軍が交戦しうる強力な機甲戦力をもつ唯一の敵だった。中国には事実上機甲戦力はなく、東南アジアと太平洋で遭遇するのは米英の少数の軽戦車のみだと考えられていた。

　太平洋戦争の開戦後、実際には多くの戦車中隊と連隊が機甲部隊からはるか彼方の太平洋の島々に派遣され、新ドクトリンの想定とはまったく異なった状況で使用された。そうした島々は面積も地形も千差万別だったため、戦車の運用法もひとつとして同じではなかった。ソロモン諸島の島々は面積は広いものの内陸は険しい山岳地帯で、鬱蒼と茂ったジャングルにお粗末な道路がわずかに通っているだけで──それすらも一年のうちのほとんどの期間、泥に埋もれているありさまだった。基本的に戦車は海岸沿いの狭い平地では行動が制限される。ソロモン諸島では日本戦車はあまり活動できなかった。ガダルカナル戦の最中に実施されたある作戦は海岸を前進し河口を渡河するというものだったが、完全な失敗に終わった。山岳地の多いニューギニアでも状況は同じだったが、こちらは地形がさらに険しかった。

　中央太平洋の珊瑚礁でできた島々は砂洲の低地も同然で、機動力を発揮する場所もなく、陸や空からの目から姿を隠す遮蔽物もほとんどなかった。こうした島々に配置されたのはごく少数の戦車だけだった。計画ではこれらの戦車は掩蔽壕から突撃し上陸中の敵を海岸で撃破することになっていたが、この戦術はいずれも成功せず、戦車の多くはトーチカとして掩蔽壕

日本軍戦車の最高到達点がこの三式中戦車チヌだった。1945年、接収後の撮影。75mm九〇式野砲改造の戦車砲を装備したチヌは日本の降伏までにわずか144輛が生産されたのみであり、実戦には使われなかった。完成した車輛は予想されていた連合軍の上陸にそなえ、すべて「機動打撃部隊」の装備として内地にとどめられた。

日中戦争中、鉄道貨車に積載された九四式軽装甲車の側らを行軍する歩兵隊。中国での長距離移動において鉄道は、線路があるかぎり戦車の移動に重要な役割を果たした。路外行軍にともなう故障は深刻な損失につながりかねず、交換部品がないために装備が失われることもあった。(photo/Tomasz Basarabowicz)

に収められた。海岸での逆襲は発起時点ですでに米軍の戦車と対戦車砲が上陸を終えていることも多く、そのため実施されても遅々として進まないことが多かった。

　西太平洋の比較的大きな島々は山がちで濃い密林に覆われ、やはり道路も限られていた。いちおう自由に機動できる土地はあったものの、ここでも戦車は海岸での逆襲に成功しなかった。戦車は二次、三次にわたる小出しの攻撃で消耗されるか、内陸の固定陣地に潜みつづけた。ここに至り、アメリカ軍戦車の戦闘力、対戦車砲と空軍力には装甲が薄く数も少ない日本戦車は無力であることが判明した。日本軍の大きな誤算は米軍がM4シャーマン中戦車を島嶼には投入しないだろうと予想していたことだった。戦車第2師団はルソン島に派遣されたが、一部の地域は戦車戦に適していたにもかかわらず、師団長は米軍の空襲を避けるため戦車連隊を防衛地帯の掩蔽壕に配置する道を選んだ。

　本土防衛用には強力な戦車隊が準備され、連合軍の上陸作戦が実施されれば満州で予定されていたのとほぼ同じ戦法で運用される手筈になっていた。24個あった戦車連隊のうち14個で編成された7個の独立戦車旅団が組織され、2個の戦車師団とともに内陸部に配置された。これらの部隊は機動打撃部隊と呼ばれた。日本軍の計画では海岸の防御陣地が敵を足止めする間に機動打撃部隊が海岸に到着し、歩兵と砲兵とともに協同逆襲を行ない敵上陸部隊を殲滅することになっていた。この作戦が米軍の機甲部隊、砲兵隊、艦砲、航空隊の戦力すべてを相手にどれだけ抗えたかは想像するしかない。

九七式「新砲塔チハ」中戦車。1942年から量産が開始された本車は1938年設計のチハを改良して一式47mm戦車砲を装備したもので、1939年にソ連陸軍との対戦車戦闘で惨敗した日本軍戦車への改善策だった。この接収車輌では車体機銃が失われている。

戦術
TACTICS

　戦車兵の訓練では攻撃と攻撃精神が重視されていた。訓練で重点が置かれていたのは、すばやい決断、高速機動、集中速射、意図の隠蔽、補給と修理の実施だった。日本戦車兵の攻撃精神は有名だった。かれらは随伴歩兵を振り切ったり、歩兵が敵の砲火のために停止、落伍しても前進をつづけた。ドクトリンでは戦車は前進しすぎたことを察知したら歩兵の隊列まで戻り、再度ともに前進すべしとされていたが、これが実際に守られることはほとんどなかった。歩兵がいなければ戦車兵は降車して障害物を自分で除去し、連合軍の真っ只中であろうが戦いつづけたのだった。

攻撃
Attack

　中国では1個戦車連隊が1個歩兵師団に配属され、総攻撃にあたる歩兵連隊を支援したが、1個戦車中隊が各歩兵連隊に配属されることもあった。戦車隊は前線の後方5km以内に隠密裏に配置された。戦車隊の突然の出現による驚きとショックは戦闘に有利だと考えられていた。戦車隊長は進撃路の偵察のために前方へ進出したが、そのあいだ隊員たちは戦闘準備を進めた。打ち合わせは出発地点や発起陣地までの道順、進撃経路と攻撃目標、戦車隊と歩兵・砲兵隊との連絡方法、敵戦車隊が出現した場合の迎撃法などについて歩兵隊の連隊長、師団長に加え砲兵隊とも行なわれた。攻撃前夜、戦車隊は砲兵の弾幕射撃と低空飛行する航空機の爆音にまぎれて発起点へ移動した。日本軍の攻撃は夜明けの数時間前に発起されることもよくあった。

　堅固な対戦車防御陣地を攻撃する場合、戦車隊は梯隊隊形に配置された。防御が軽微な場合、戦車隊は一団となって進撃した。歩兵は戦車隊の直後に後続し、砲兵は榴弾と煙幕弾で反撃を無効化した。歩兵は戦車の後部に跨乗することもあった（ペリリュー島では歩兵がつかまるための手すりが戦車の車体後部に取りつけられた）。戦車の攻撃目標は敵の機銃陣地やその他の前線有人火点だった。戦車隊は鉄条網に突破口を開き（これには工兵もワイヤーカッターと爆薬で協力した）前線陣地を突破すると、指揮所と砲兵陣地を攻撃した。

　戦車は特殊な状況を打開するために常識外の方法で使用されることもあった。中国戦線では峡谷の入口にある敵陣地を突破してから深層陣地を偵察し、友軍戦線まで報告に戻った例もあった。戦車は偵察や連絡任務をこなし、物資を焦土の只中、あるいは孤立した陣地へと運んだ。戦車隊の機動力と防御された火力は敵陣地の攻撃において戦力の節約にも貢献し、支援を受けた師団は主力を敵の側面攻撃に向けることもできた。城壁に囲ま

1944年夏にグァム島で撃破された戦車第9連隊第1中隊所属の九五式軽戦車2輌。サイパン島の親師団から分遣された同中隊は15〜17輌の戦車を装備していた。展望塔に巻かれた白帯は本車が支隊長車であることを示している。1935年に生産が開始されたハ号が9年後でも実戦部隊で使用されていたという事実は、いかに日本軍が機甲部隊を冷遇していたかの証拠でもある。また多くの支隊が実質上歩兵守備隊の支援に従事していたという事実は、1942年9月公布の機甲作戦要務書で示された新ドクトリンにも矛盾している。

れた都市を攻撃する場合、戦車隊は反対側へ回りこんで包囲網を完成し、裏門から退却してくる敵部隊と交戦した。戦車は敗走する敵部隊の追撃にも使用された。歩兵隊に随伴して火力支援を行なう以外にも固定陣地から敵陣を砲撃し、後方から歩兵部隊の前進を支援することもあった。

射撃法
Firing methods

　日本陸軍の訓練で重視されていたのは初弾命中率、発射速度、車長と操縦手の連携、的確な命令、敵位置のすばやい把握、連携射撃と集中射撃などだった。

　通常1個小隊の3輌から5輌の戦車は小隊長の命令一下、全車が同一の目標を射撃した。戦車砲の命中精度と威力が低かったため、集中射撃はきわめて重要だった。日本軍の戦車隊には3種類の射撃方法があった。

行進射：日本戦車の37㎜および57㎜砲は仰俯角は自由にとれ、少しなら砲塔とは無関係に左右に振れたので照準調整は容易だった。照準はハンドルを回すよりも砲手が肩当を押すか引くかしてつけられることが多かった。行進射では砲手は肩当をしっかり保持して砲の角度を一定に保った。47㎜砲と75㎜砲は重量が大きいため、照準はハンドルを回して行なった。

躍進射：この方法では砲手がまず射撃準備を整え、つぎに戦車を微速まで急減速する命令が下された。砲手は目標を捕捉しだい射撃し、操縦手は直後に戦車を急加速させ、つぎの射撃点へ移動した。

停止射：前進中に敵を発見した戦車は停車し、照準、射撃後、直ちに前進を再開した。戦車は小隊行動でなく各自で目標を捉えて射撃した。

装甲の薄さを承知していた日本軍の戦車長は稜線、丘や小谷ごしに射撃するよう努めた。こうした方法は他国の陸軍でよくとられた砲塔だけを突き出す部分掩蔽陣地(ハルダウン)よりも頻繁に使われた。車体全体を稜線の下に隠したまま、開いたハッチに立った車長が目標をまったく視認できない砲手に間接射撃の要領で指示を与えた。もっともこの方法が有効なのは歩兵支援で大雑把な範囲を狙う場合だけで、敵戦車などの点目標を狙うには不正確すぎた。このように稜線を利用する戦法は対戦車戦闘においてもよく使用された。ノモンハン戦では日本軍戦車は稜線下の部分掩蔽陣地から登坂して発砲すると、また斜面を下って敵砲火を回避した。

夜襲
The night attack

　日本陸軍は夜襲に長い伝統があり、諸外国の陸軍とは異なり訓練だけでなく実戦でも頻繁に実施した。これは戦車隊でも同様だった。進撃路や目印が昼間のうちに下見され、後続する歩兵隊の進撃路も打ち合わされた。戦車隊は通常前照燈を消したまま縦隊で前進したが、尾燈は後続する戦車のために点灯していた。夜襲では操縦手は前照燈を消して操縦しなければならなかった。操縦手は昼間に不整地を走行する訓練をうけており、これが夜間操縦にもたいへん役立った。

　夜襲で最大の問題は目標を発見して攻撃することだったが、照明弾を使用したり敵の発砲焰へ向けて射撃することで何とかなった。主砲の発砲焰で砲手の目が眩惑されるため、着弾点の観測も問題だった。戦車学校のある士官がこの問題の解決法をひょんな偶然から発見した。発射の瞬間に目を閉じれば、砲手は閃光に目をくらまされずに着弾を観測できたのだ。この観測法はすべての戦車兵に伝授された。

八九式中戦車の車列に後続する擬装網のかけられた指揮車輛。1934年、群馬県での演習にて。

対戦車戦術
Antitank tactics

　ノモンハンでソ連軍に敗北したのち、日本戦車にとって対戦車戦闘は大きな課題とされた。装甲が薄く、低初速小口径の主砲しかない日本戦車は圧倒的に不利だった。連合軍戦車に対抗可能な新型戦車が求められたが、改良型の三式や四式中戦車は開発が遅れたため、日本軍は47mm砲を装備した「新砲塔チハ」で戦いつづけなければならなかった。この砲が有効なのは至近距離射撃でもM4シャーマンやT-34の側面ないし後面装甲だけだったが、これ以外の日本戦車はもっと貧弱な武装しかなかった。　日本軍は戦車の対戦車戦闘を少しでも有利にするため、さまざまな戦法を編み出した。

煙幕：これは砲兵砲か迫撃砲が発射する煙幕弾か、発炎筒や発煙擲弾によって展開された。煙幕が展開すると日本軍戦車隊は敵戦車隊の側面か後方に回りこみ、弱点となる角度から攻撃を試みた。煙幕は敵砲手の視界も奪うので、日本軍戦車は敵に接近して近距離戦に持ち込めた。なおアメリカ軍に対してこの種の煙幕戦法がとられたという報告事例はほとんどない。

待ち伏せ：日本軍戦車は谷、くぼ地、林などによく姿を隠した。この戦法は道路沿いでは特に有効だった。敵戦車が通り過ぎると、日本戦車はその側面や後方から襲いかかった。フィリピンではこの戦法がよくとられた。

弱点攻撃：砲手は敵戦車の弱点を狙えと指導されていた。弱点とは履帯、転輪ボギー、ハッチ、覗察孔、ピストルポートなどである。

　ビルマとフィリピンでは改良型の九七式新砲塔チハ戦車が多数のM3リーおよびM4シャーマンを至近距離に来るまで待ち伏せ、弱点攻撃で撃破することに成功していた。日本軍歩兵も敵戦車に命がけの肉薄攻撃を敢行し、破甲爆雷や手榴弾を手に戦車に取りつこうとした [注6]。しかしこの戦法は歩兵が日本軍戦車と協同作戦をしている場合にはほとんど取られなかった。

注6：オスプレイ・ミリタリー・シリーズ　世界の軍装と戦術2『第二次大戦の歩兵対戦車戦闘』（小社刊）参照。

防御
Defense

　太平洋諸島の防衛戦では戦車は全周射撃のために砲塔だけを出して車体を完全に地面に潜らせていた。後方には傾斜路の出口があり、戦車は別の陣地に移動したり、敵に対する戦闘機動をとることも可能だった。爆撃でできた大きなクレーターのおかげで戦車用の陣地の構築が楽になることもあった。またあるときは、浅く掘られた陣地のまわりに掘り出した土が盛られた。陣地は移植された植物や木の枝で擬装された。枝は砲塔を回せば容易に倒れるか、手でどけられた。こうした戦車用陣地は相互に援護しあうよう配置されるか、従来型のトーチカ群に特火点として組み込まれた。肉薄攻撃に対処するため、掩蔽壕の戦車の近くには厳重に擬装された小銃陣地と軽機関銃陣地が配置されていた。たとえ戦車が敵上陸部隊の迎撃用であっても、戦車を空襲や艦砲射撃から守るためには掩蔽壕に隠さなければならなかった。

　中国では1個戦車連隊が1個歩兵師団に配属された場合、戦車隊は予備

戦力とされるのが普通で、念入りに擬装されたり死角や建物のあいだなどに隠されたが、これは戦車を砲撃や空襲から守るためだった。敵の攻撃を迎撃する場合、歩兵隊を随伴し砲兵隊の支援をうけた戦車連隊は敵の集結地点へ投入されることが多かった。戦車連隊は師団の予備の歩兵連隊に配属され、逆襲を行なうこともあった。敵の機械化部隊が前線を突破した場合、戦車連隊は後方深くに配置され、敵戦車隊が敵砲兵隊の支援射程外に出て戦力が分散したところを待ち伏せ攻撃した。その後、戦車連隊は歩兵を跨乗させて退却する敵軍を追撃することもあった。

隊形
FORMATIONS

部隊が集団隊形をとるのは行軍時、集結時と戦闘機動のときだった。一部の外国陸軍が採用していたほど隊形の種類は多くなく、比較的単純なものだった。演習では行進しながらある隊形から別の隊形へ迅速かつ滑らかに移行する訓練が構成部隊単位で行なわれた。

部隊を構成する下位部隊──例えば中隊ならば小隊──の配置は第1下位部隊が基準になった。中隊が縦隊から横隊へ変化する場合、縦隊の先頭にいた第1小隊は敵と相対するように横隊の右翼へ移動し、縦隊の後尾にいた第3小隊は横隊の左翼へ移動した。

中隊隊形
Company formations

中隊の機動隊形には横隊、縦隊、併立縦隊、疎開、丁字の5種類の基本隊形があった。横隊と縦隊はおもに全隊移動やパレードに使用されたが、路外行軍でも各戦車間と下位部隊間の間隔を広げて使用された。縦隊隊形は夜間の路外行軍にも使われた。併立縦隊隊形では各小隊は右から左に並んでいたが、各小隊の戦車は横隊よりも縦隊をとることが多かった（巻頭イラストB参照）。疎開隊形は戦闘に向かう場合、最も基本的な隊形だった（イラストC1参照）。各小隊はその4輌の戦車で菱形隊形をとるか、もし3輌しかない場合──その方が多かったが──楔形隊形か横隊隊形をとった（イラストB参照）。開けた土地では中隊は4個小隊を菱形隊形に配置した。3個小隊しかない場合、中隊は横隊をとり、その3個小隊すべてを正面に出した。

丁字隊形は攻撃に使用された。中隊は（敵に向かって）右から左に第1小隊、第2小隊、中隊本部戦車隊、第3小隊を並べた。第4小隊は後方、第2小隊と本部戦車隊の中間に位置した。この後続位置から第4小隊は左右に移動して敵の側面を衝いたり、中隊の側面が攻撃された際には防御にまわった（イラストC2参照）。3個小隊しかない場合は横隊隊形がとられたが、これはできるだけ多数の戦車を火線に並べることが、後方に援護小隊を残すよりも重要だと考えられたからだった。第4小隊が後続する場合、先行する小隊の敵防衛線突破後、後続小隊は先行小隊を追い越してトーチカや戦闘車陣地を射撃し、その一方で当初先行隊だった戦車は前線陣地の掃討や援護射撃にあたった。

実際には各戦車間と下位部隊間の間隔は地形、植生、視界、敵火点などにより異なった。全隊移動では中隊の輜重隊、整備隊、本部付のトラック、乗用車、オートバイが随伴した。戦闘時はこれらの部隊は軽砲の射程外にとどまる（のが望ましい）とされた。

連隊および師団隊形
Regiment and division formations

　1942年まで機甲作戦要務書には戦車連隊と師団の戦術は規定されていなかった。戦車連隊の隊形は中隊のものとよく似ており、小隊が中隊に置き換わっただけだった。

　戦車師団は2個戦車旅団から成り立ち、それぞれが戦車連隊2個と機動歩兵大隊1個、75mm榴弾砲大隊1個、整備中隊1個で構成されていた。二つの旅団はいつも同時に攻撃を行なった。師の予備兵力は第3歩兵大隊のみだった。予備の戦車隊はないのが普通だったが、1個戦車連隊を後方に残置する場合もあり、その場合は連隊を供出した戦車旅団に1個歩兵大隊が配属された。

　旅団の2個戦車連隊は同時に攻撃を行ない、これに歩兵大隊と工兵隊が後続したが、さらにトラック牽引の砲兵隊が直後に随伴し、敵に遭遇すると直ちに射撃陣地を構築した。戦車隊は波状攻撃を原則としていたため、戦車連隊は梯隊隊形をとった。以下のシナリオは5個中隊からなる連隊の場合で、第5中隊は砲戦車（火力支援用）を装備するが、これを実際に受領していた部隊はほとんどなかった。

　連隊の第一梯隊として2個戦車中隊が前方へ配置される。2個小隊が前方へ、第3小隊が後方につき丁字隊形を形成し、中隊長車が先行する2個小隊の後方中央につづく。砲戦車中隊は分散し、先行中隊の各外翼に1個小隊、先行する2個中戦車中隊の中間に1個小隊および砲戦車中隊本部車

千葉県の習志野演習場で起伏のある地形を機動中の九七式チハ中戦車。単なる訓練にもかかわらず戦車が擬装されているのに注意。戦車の車間は30〜40歩ほどに見えるが、実戦ではもっと広く間隔をとるのが普通だった。

が移動する。これにより部隊間の間隙が埋められ、砲戦車は対戦車砲や要塞化陣地を叩くのに前進できる位置についた。先行する2個中隊の中央後方に後続する連隊本部戦車隊には歩兵中隊本部と工兵中隊本部が随伴する。歩兵中隊の諸小隊は各戦車中隊の後方につづき、工兵小隊1個が各戦車中隊に後続する。第3工兵小隊は工兵中隊本部にとどまり、必要に応じて障害物の除去に出動する。開けた土地では連隊の正面は1,000m前後だった。2個の先行中隊の正面はそれぞれ約350m、縦深は約200mだった。

先行する梯隊の約200m後方に第二梯隊が位置した。これは丁字隊形をとった第3および第4中隊だが、先行する梯隊中隊よりも横方向へ散開した。この連隊に軽戦車中隊が1個あった場合、それは第二梯隊に入れられ偵察や側面の警戒にあたった。これらの中隊の後方に機動歩兵大隊(先行梯隊に随伴する中隊を除いたもの)が追随し、砲兵大隊が最後尾につづいた。

旅団の第2連隊は第1連隊に後続することもあったが、通常は両連隊は併行攻撃を行なった——もちろんこれは地形、有利な進撃路、予想される敵の抵抗により決定された。師団の2個旅団も併行して攻撃を行なったが、地の利を生かしたり別の目標を攻撃するため、一定の間隔をとるのが普通だった。きわめて堅固な防衛線や要塞を突破する場合は、旅団も梯隊隊形をとった。つまり1個旅団が他方に追随した。日本軍の他兵科の師団同様、戦車師団も2、3本の並行する進撃路をとり、そのうちのひとつが総攻撃とされて重点が置かれた。状況や地形が許すなら別働隊が敵を側面攻撃ないし包囲攻撃した(巻頭イラストF、G参照)。

1944年型師団
The 1944 division

1944年初頭、戦車師団から旅団本部1個、戦車連隊1個、捜索隊、防空隊が廃止されたため、師団の戦術は大幅に変化した。残りの3個連隊が新たに1個旅団を形成し、各師団は2個ないし3個の支隊を作戦ごとに臨時編成して運用することが多くなった。この種の支隊は名称に指揮官名が冠されるのが通例で、編成は戦車連隊1個、歩兵および砲兵大隊各1個、工兵中隊1個前後だった。支隊の編成はどれも同じということはなく、状況や地形によって構成は大きく変わった。支隊の指揮は戦車旅団長、歩兵連隊長、戦車連隊長、歩兵大隊長のいずれかがとった。

戦車兵
THE TANK TROOPS

　戦車兵は各地で徴兵された新兵から選抜された。自動車運転免許をもつ者──1930年代の日本ではこれはめずらしい特殊技能だった──がまず選ばれた。つぎに中高卒程度の学歴の者が選ばれたが、これは機械関係に向いている、または各種の技術を学ぶのに有利だと考えられていたからだった。

　新兵は戦車連隊に配属され、4ヵ月間の訓練を受けた。かれらは新兵全員に課される通常の歩兵訓練をこなすうえに、操縦、射撃、通信、整備の技術を学んだ。これほど短い訓練期間で必要な技能のすべてを修得することは不可能だったので、かれらが学んだのは四つの職種──操縦手、砲手、通信手、整備員の基礎技能だった。その後、各自の適性にしたがい、かれらはひとつの専門職を命じられ、下位部隊に配属されて実務のなかでより高度な訓練を積んだ。

　戦車兵の訓練は戦車の構造、操作法、自動車エンジンの講習から始まった。当時の平均的な日本人は　自動車を扱った経験がないのが普通だったので、講義は非常に基礎的なところ──「これが機関(エンジン)である。そしてこれが連動機(クラッチ)だ」──から始まった。新兵たちは通常約1ヵ月間、自動車と戦車の基本的な操縦訓練を受けた。また拳銃、機関銃、戦車砲の射撃訓練もあった。主砲の実弾射撃は非常に限られていたので、砲手は実戦部隊への配属後にさらに訓練を重ねた。整備訓練は徹底をきわめていた。エンジンと走行装置は壊れやすく気まぐれだったので、整備には細心の注意が必要だった。また新兵は基本的な無線機の操作と信号旗通信法も学んだ。

　戦車兵の服装はカーキ色の上下ツナギで、左胸にポケットがひとつあった。冬用は綿入りで襟に毛皮がつき、胸と腿にポケットが追加されていた。九二式戦車兵帽は表地がこげ茶色の布製で内部はボール紙をプレスしたものだったが、冬用は表地が革張りで、防塵眼鏡は双レンズ式だった。靴は極寒地をのぞき、標準型の茶革製編上靴にゲートルを巻いて履いた。また南方では戦車兵が全兵科共通の戦闘服を着ているだけの場合もよくあった。各乗員は8mm十四年式もしくは九四式自動拳銃を茶革製ホルスターに入れ、肩ストラップつきの腰ベルトの右後方に吊った。1、2挺の6.5mm三八式騎兵銃や手榴弾を車内に積みこむこともあった。戦車を放棄せざるを得ない場合、乗員は機銃を取り外して地上戦に備えた。

この戦車兵が着ているカーキ色の作業服は突起物への引っかかりを防ぐため隠しボタンになっていた。この乗員は九四式拳銃のホルスターを規定どおり右腰後ろにつけている。ベルトは茶革製でなくタン色の戦時型ゴム引きズック製のようだ。

戦車学校
Tank schools

　日本陸軍は機甲部隊を拡大するため各地に戦車学校を設立した。

　千葉陸軍戦車学校は1936年8月に戦車第2連隊の駐屯地があった千葉県習志野に設立された。4ヵ月後、同校は千葉県の黒砂に移転した。同校は戦車隊の士官と下士官を養成した。戦車兵は6ヵ月間の課程を学び、整備課程は8ヵ月間にわたった。1941年に整備兵の養成は戦車学校から東京に設立された陸軍機甲整備学校へ移管された。

　大規模な演習を行なうには千葉戦車学校の演習場は手狭だったこと、また多数の戦車隊が満州に展開していたことなどから1940年12月に日本の傀儡国家満州国に**公主嶺陸軍戦車学校**が陸軍の基地内に設立された。1941年に同校は**四平**へ移転されると同時に改称された。同校は満州と中国に駐屯する部隊の戦車兵を訓練し、千葉戦車学校は内地、東南アジア、太平洋地域の部隊からの訓練生を受け入れた。公主嶺／四平戦車学校ではソ連軍に対する機甲戦術の研究も行なわれていた。

　一般の徴募兵に通常の軍事教育課程内の短期間の訓練で戦車兵に必要な技能のすべてを習得させることは不可能だったため、1939年から少年戦車兵の養成が開始された。選抜された15〜17歳の少年たちは2年間の教育を受け、卒業後戦車隊に下士官として配属された。当初この教育は千葉戦車学校だけで行なわれていたが、1941年12月に新たに**陸軍少年戦車**

左：中国の冬には分厚い防寒衣が必要だった。この戦車兵は毛皮の裏のついた冬戦車衣と茶革製で毛皮裏地つきの帽子、手袋、長靴を着用している。冬用ツナギは夏用よりもポケットが多かった。

右：満州の四平戦車学校で九七式中戦車を背にした少佐。九八式襟章つきの九八式軍衣を着用している。士官と下士官は狭い戦車の車内にもかさばる軍刀（身分の重要な象徴）を持ち込んでいた。（写真／中村勝巳）

富士宮の陸軍少年戦車兵学校では15歳から17歳までの少年兵が2年間の厳しい訓練によって戦車のすべてを操作法、整備法を学んで卒業し、下士官や戦車長になった。厚いボール紙の芯に革製裏地、こげ茶色の布製表地という九二式戦車兵帽(左)に注意。

学校が千葉戦車学校内に開設され、その後、同校は1942年に富士山のふもと、富士宮へ移転した。終戦までに約3,000名の戦車兵が少年戦車兵学校を卒業した。

1920年代以降、千葉県の**陸軍騎兵学校**では騎兵訓練だけでなく戦車の訓練も行なわれていた。1937年に乗馬騎兵訓練は終了され、その後、騎兵学校は陸軍戦車学校のひとつとなり、偵察および軽戦車・軽装甲車専門の学校となった。

千葉県黒砂の陸軍戦車学校で訓練に励む九七式中戦車の乗員たち。車長が手にした信号旗に注意。フェンダーに立つ戦車兵は九二式戦車兵帽に通常型の夏用戦車兵ツナギを着、全兵科共通の巻きゲートルと半長靴を履いている。(監修者注:制定は昭和七年なので「九二式戦車兵帽」は解らないでもないが、この表記はみたことがない)

通信と整備
COMMUNICATIONS & MAINTENANCE

戦車間の通信
Tank communications

　1943年以前は無線機を装備していた戦車は連隊長車、中隊長車、小隊長車だけだった。小隊長は信号旗、手信号、発光信号で小隊車に命令や指示を出していた。中隊長車には2台の無線機が搭載されており、ひとつは連隊通信系統用で、もうひとつは小隊長たちを指揮するための中隊通信系統用だった。

　1943年になると小隊車にも無線送受信機を装備することになり、小隊長車には新たに小隊通信系統用の無線機が搭載されることになったが、実際には新無線機の調達はほとんど実現しなかった。送受信機を装備した最後期の戦車だけが車内通話用のインターコムを搭載していた。

　一部の戦車には車長が操縦手に簡単な指示与えるためのボタン操作式の照明信号機が装備されていたが、伝声管はなかった。軽装甲車や軽戦車では車長と操縦手の位置が近かったため、車長がつま先で操縦手の肩をつついて合図していた。

　小隊戦車に無線機がない場合、あるいは無線封鎖時の主要通信手段は信

連隊指揮車から九六式四号戊型無線機で戦車中隊長に指示を与える2名の通信士。この無線機は九五式軽戦車と九七式中戦車にも搭載されていた。

戦車連隊の通信系統
Tank regiment radio communications net

小隊長

中隊長

協同する歩兵、砲兵、工兵

旅団本部

連隊参謀部

連隊長

整備中隊

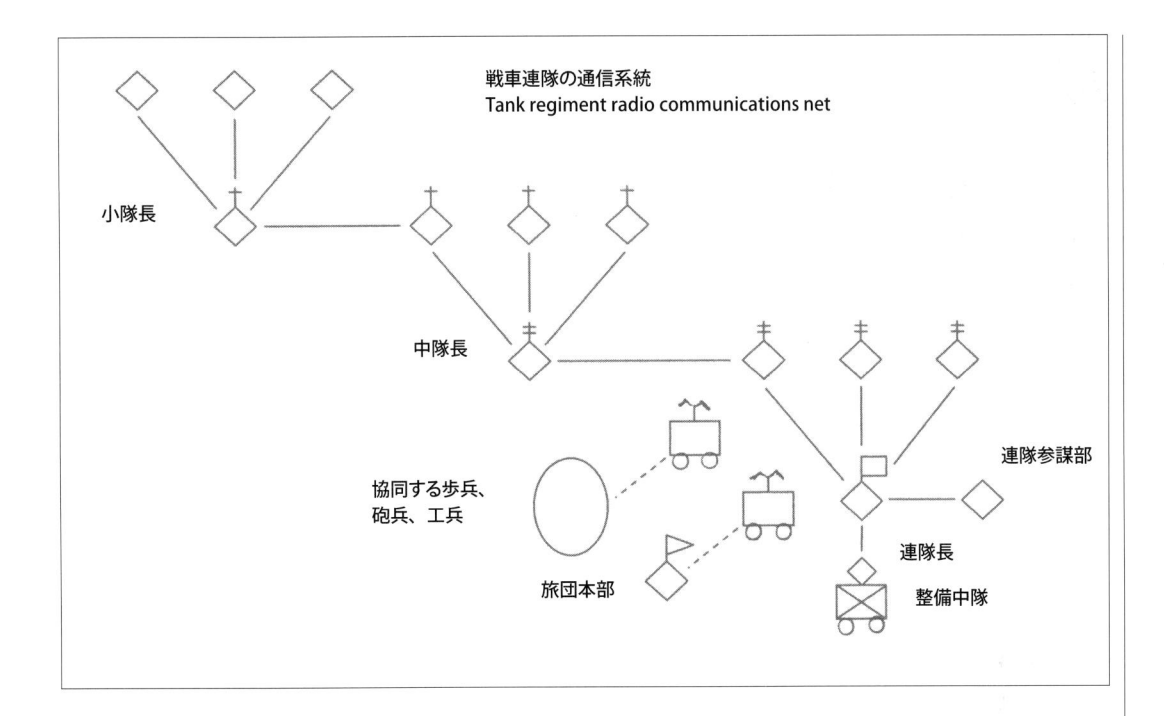

戦車の車載無線機

九四式四号乙型無線機
1934年；九二式重装甲車（騎兵戦車）用；重量40kg；アンテナ長7m、逆L字型（2mが垂直で1.5～2mが水平）；通信距離1km；生産数は少数

九四式四号丙型無線機
1934年；八九式中戦車用；重量90kg；アンテナ長9m、逆L字型；通信距離1km；生産数は多数

九六式二号戊型無線機
1941年；九五式装甲軌道車用；重量600kg；アンテナ長9m、逆L字型；通信距離40km；生産数わずか20台

九六式四号戊型無線機
1941年；九七式中戦車および九五式軽戦車の指揮車用；重量50kg；アンテナ長9m、逆L字型；通信距離1km；生産数わずか80台

三式甲型無線機
1943年；機甲部隊本部（シキ）用；重量600kg；アンテナ長2m、垂直型；通信距離15km（電話）、50km（電信）；生産数は少数

三式乙型無線機
1943年；機甲部隊指揮戦車（シキ）用；重量240kg；アンテナ長2m、垂直型；通信距離4km（電話）、10km（電信）；生産数は少数

丙型無線機（未採用のため制式名なし）
1943年；戦車間通信用；重量130kg；アンテナ長2m、垂直型；通信距離500m（電話）；生産数約200台

起重機を装備した九五式力作車リキはめずらしい存在だった。(写真／下原口修)

号旗だった。さまざまな色と図案の旗を使って命令や行動を指示する複雑な信号旗通信法が考案され、さらに（他国の陸軍では見られない例として）信号を発する各隊長の所属表示旗までが存在していた。

　戦闘中につきものの誤認以外にも信号旗には短所があった。視認性が高すぎてある部隊が別の部隊の信号を認識してしまい、誤ってそれに従ってしまうことがあった。また砂塵や煙で汚れたり、霧や雨で遮られて認識できないこともあった。ほかの方法として旗よりも目立たない手信号が用いられることもあったが、視界が悪い場合の視認性はもっと劣っていた。

　信号旗は夜間には当然使用できないので、白赤青の信号燈も用意されていた。命令の伝達や作戦の完了を告げるのに35mm九七式信号拳銃の照明弾も利用された。

　こうした視覚通信法のすべてに共通していた問題は、各車長が自分の隊長車にいつも注目していなくてはならないことで──その引き換えに地形を観察し、敵の脅威と目標を察知し、僚車との隊形の維持に注意し、自車の乗員へ命令することがおろそかになる点だった。上記の通信法がすべてできない、あるいは伝わらない場合、各車長は小隊長車の行動をそのまま真似た。

戦車の整備
Tank maintenance

　整備は部隊の稼働率を大きく左右するので、整備部門はあらゆる部隊階層に設けられていた。戦車中隊では輜重隊内に整備班が設けられていた。連隊は当初その輜重隊内に整備隊を設けていたが、1940年までに専任の

整備中隊が設けられた。戦車師団には800名近くの要員で編成された大隊規模の整備隊があった。日本陸軍では整備作業を以下の5種類に分類していた。

1. 調整 — 日常的な整備
2. 小修理 — 1日で終わる部品交換を含む修理
3. 中修理 — 3日以内で終わる作業
4. 大修理 — 4日以上かかる作業
5. 定期修理 — 数週間かかる車輌のオーバーホール、分解修理

各部隊階層の役割は以下のようだった。
【戦車兵】駐屯地および戦地での調整
【中隊整備班】駐屯地および戦地での小修理
【連隊整備中隊】駐屯地での中および大修理、戦地での小修理
【師団整備隊】駐屯地での大および定期修理、戦地での中修理
【野戦自動車廠】駐屯地での大および定期修理、戦地での大修理

実戦時の戦車隊でこの制度は以下のように運用されることになっていた。戦車中隊整備班は中隊輜重隊内に設けられており、中隊に随伴して壊れた戦車をできる範囲で修理した。修理できない場合は連隊整備中隊を要請した。

整備中隊は修理小隊1個と回収小隊1個からなっていた。中隊整備班から要請を受けると、修理小隊からの分遣隊が壊れた戦車の場所まで行き修理をした。起重機つきの車輌が必要な場合は回収小隊が要請され、大破した戦車を後方まで牽引した。

師団整備隊は野戦修理廠を運営し、修理の必要な戦車その他の車輌が連

連隊整備中隊で使われた九四式修理車。旋盤、ボール盤、切断機、発電機などの動力工作機械や工具を備え、乗員が兵器や車輌を修理することができた。

隊整備中隊や師団内の各部隊から集められた。

　野戦自動車廠は軍（米軍用語では軍団に相当する単位）または方面軍（軍に相当する単位）に所属していた。その本来の任務はトラックや乗用車の修理だったが、戦車その他の装軌車輌を修理・オーバーホールする能力も備えていた。しかしその要員は戦車修理の専門家ではなかったため、太平洋戦争の直前に専任部隊が編成された。これが231名の専門家からなる第1装軌車修理隊で、フィリピン、マレー、ビルマの戦いのあいだ、南方戦線の戦車修理施設を支援したのだった。同隊はその後、満州に移駐し、中国で「一号作戦」に参加した（次章参照）。

　日本軍戦車隊の整備部隊は大型回収車、その他の重機材、予備部品の不足にいつも悩まされていた。

グリスガンで注油口に給油する九七式中戦車の乗員で、この作業は戦車が走行するたびに必要だった。予防整備作業はきりがなかった。休止ごとに乗員は自車のファンベルト、燃料管、懸架装置、滑油、グリスを点検した。（写真／中村勝巳）

戦歴
BATTLE HISTORY

独立戦車第2中隊（1932年）

中隊本部（重見伊三雄大尉）
　ルノーNC27軽戦車×1
第1小隊（原田一夫大尉）
　八九式中戦車×3
第2小隊（今村健護中尉）
　八九式中戦車×2
第3小隊（坂田俊雄少尉）
　ルノーNC27軽戦車×5
第4小隊（前田孝夫大尉）
　ルノーNC27軽戦車×4

1932年、中国・上海
CHAINA, Shanghai 1932

　1932年1月28日に『上海事変』が発生すると、独立戦車第2中隊が久留米の第1戦車隊で編成され、上海に派遣された。2月13日の上陸後、独立戦車第2中隊は上海近郊の江湾の攻撃に参加した。上海は無数の塹壕に潜った中国軍と長大な対戦車壕によって防衛されていた。同戦車中隊の主力は右翼に展開していた歩兵第3旅団に、第3小隊は左翼の海軍特別陸戦隊に組み込まれた。2月20日に中隊の主力は北へ進撃したが、街の手前約300mで障害物と激しい砲火のために停止した。南に進軍していた第2小隊は壕に行く手を阻まれた。2輌の戦車が壕を迂回する道を見つけたが、両車は地雷で擱座した。正午の直前、攻撃は江湾南部に移され、戦車中隊はそちらへ移動を命じられた。到着した重見大尉はその進路も前進は不可能と判断し、隷下の戦車に後退を命じた。

　翌朝、かれらは江湾南部の江湾駅周辺を攻撃した。駅を守備していた中国軍は前進する日本軍歩兵に激しく抵抗した。戦車隊はまたしても運河と壕のために停止したが、原田大尉の戦車はどうにか僚車のあいだを抜けて前に出ると駅へと突進した。かれは戦車を駅のプラットホームに乗り上げさせると主砲を中国軍陣地にまっすぐ向けて発砲をはじめたが、ここでも敵の抵抗は頑強で、戦車による単独攻撃は失敗に終わった。夜に攻撃は中止され、日本軍は後退した。

　上海の戦いで日本軍戦車兵はその後も同じような事例に遭遇し、市街地は戦車戦に不向きであることがわかってきた。軽装甲弱武装の車輌は歩兵

中国に進出した海軍特別陸戦隊の機甲部隊。（左から右へ）イギリス製のカーデン・ロイドMk.IV豆戦車、八九式中戦車、イギリス製ヴィッカース・クロスレイ装甲車2台、かろうじて見える九二式装甲車2台。

写真のフランス製ルノーNC27軽戦車は、重見伊三雄大尉隷下の独立戦車第2中隊の本部、第3および第4小隊に所属した10輛の一部。上海上陸後の撮影。本車は第一次大戦のルノーFT-17の近代化型。1932年2月。

の肉薄攻撃や重機関銃の近距離射撃に脆弱で、河川、対戦車壕、瓦礫にすぐに行く手を阻まれてしまった。戦いが終わるころ、重見大尉の中隊に残されていた稼動戦車はわずか3輛だった。

1937～38年、中国
China 1937-38

　1937年7月7日に勃発した日中戦争は『日華事変』としても知られ、在満日本軍の中国侵攻から始まった。中国国民革命軍（国民党軍）との戦闘で、日本軍戦車隊は上海で経験した運河や壕の問題に再度直面した。しかも今回は中国軍には有効な対戦車砲──ドイツ製の37mm Pak35/36──があり、これは1932年には存在しなかった兵器だった。以下の記録は戦車第5大隊の戦闘報告書からまとめたものである。

　1937年9月10日、戦車第1中隊第3小隊は歩兵隊の進撃を支援するため、楊行鎮東方の運河沿いにあった中国軍陣地の手前150m以内まで前進した。激しい砲火をかいくぐった斥候隊は敵陣前方の破壊された橋の偵察に成功した。午後4時、中国軍対戦車砲が突如友軍戦車に砲撃を開始し、小隊の全車がこの砲へ応射した。このとき小隊長車は被弾のために砲塔が旋回不能だった。藤野操縦手は直ちに戦車を対戦車砲へ向けた。乗員が攻撃準備をしていると、徹甲弾が前面装甲板を貫通し、操縦手は戦死、砲手が重傷を負った。岡村車長は戦車に火災が発生したのに気づいたが、かれは戦車を放棄する前に敵砲を破壊しようと決心した。かれが砲手席に移ると砲塔にさらに砲弾が命中したが、その衝撃で故障していた旋回装置が直った。武運に感謝しながらかれは3発を発射し、敵砲を沈黙させた。

　かれは火災を消火しようしたが、消火器は壊れていた。岡村車長と機銃手は炎を手袋をした手ではたき消した。かれは負傷した砲手を手当てし、損傷した戦車を応急修理した。修理後、機銃手が操縦して戦車は友軍陣地へ帰還した。

徐州の戦い
The battle of Hsuchou

　1938年5月、徐州からの中国軍の撤退を阻むため、日本軍は徐州と鄭州

岩仲支隊（1938年5月）

戦車第1大隊
独立軽装甲車第7中隊
歩兵第104連隊からの大隊
山砲第19連隊からの小隊
独立工兵第1中隊からの隊
独立自動車中隊
第13師団通信隊の一部

1937年8月、中国北部、南口鎮周辺の村を通過する独立混成第11旅団の八九式中戦車と九四式軽装甲車。

間の鉄道を遮断するべく2個の支隊を派遣した。徐州西方の鉄道橋を破壊するため、戦車第1大隊長岩仲義治大佐隷下の岩仲支隊は北から進撃し、戦車第2大隊の今田俊一大佐隷下の今田支隊は南から向かった。両支隊は戦車大隊と歩兵、砲兵、工兵からなる支援部隊で構成されていた。長距離挟撃作戦を迅速に実施するためには戦車に随伴する機動力が必要だったので、両支隊は数百台の車輌で自動車化されていた。

5月11日、蒙城を出発した岩仲支隊は永城を占領した。かれらは北進し、目標の鉄道線路まで30〜40km南の地点まで到達したが、そこで偵察機から投下された通信文を受け取った。通信文によれば、鉄道に沿って大規模な中国軍部隊が配置されており、その部隊がかれらの北に位置する韓道口集にいるとのことだった。岩仲大佐はこのまま橋へ直行すれば多勢の中国軍の真っ只中で戦うことになり、大損害を出すと判断した。中国軍の注意を目標の橋からそらすため、岩仲は韓道口集の敵部隊を攻撃することにした。

5月13日、支隊は韓道口集を攻撃したが中国軍の激しい抵抗を受け、日没後に岩仲は後退を命じた。この攻撃の結果、線路を守備していた中国軍の一部が韓道口集へ向かい、橋の防御が手薄になった。翌未明、岩仲と隷下の部隊は闇にまぎれて橋へ向かった。かれらはわずかな抵抗を退け、爆薬を設置した。午後3時25分に橋は爆破され、任務は達成された。支隊の損害は軽微で、友軍前線へ無事帰還した。この見事な頭脳的勝利は機械化部隊の優秀さを示す好例として日本で大いに宣伝された。しかし日本陸軍の参謀部は多兵科協同機械化部隊の真価を理解しなかったらしく、岩仲支隊は徐州の戦いののちに解隊された。

1944年、中国
CHINA 1944

　1944年の4月から12月にかけて実施された攻勢『一号作戦』の目的は、中国東北部の日本軍主要占領地域から一連の攻撃を行ない、香港とインドネシアへ至る南進陸路を切り開き、アメリカ軍が使用していた中国南東部の航空基地を占領することだった。

　1944年4月30日、戦車第13連隊から1個中隊の支援を受けた第37師団は許昌を攻撃した。戦車第3師団の残りの部隊は市街戦に不向きだったため予備戦力とされた。戦車隊は許昌の城門を突破し、日本軍歩兵がなだれ込んだ。激しい市街戦で3,000名もの中国兵が戦死し、街は占領された。山路中将は隷下の戦車師団を三手に分け、西へ向かわせた（次頁の表参照）。

　作戦の第一段階『コ号作戦』は4月から5月にかけて実施された。その目的は中国の東海岸部の大部分と北部を押さえた日本軍の広大な前線の中

「軍神、西住戦車長」の活躍は映画、伝記、歌により讃えられた。西住小次郎中尉は陸軍士官学校を1934年に卒業し、中国の『満州事変』に歩兵士官として参加。内地へ帰還後、かれは習志野の戦車第2連隊で訓練を受けた。『日華事変』では戦車第5大隊の小隊長として上海に上陸、前線へ復帰した。かれは30以上の作戦に参加したが、皆から尊敬され慕われた隊長だったといわれる。西住中尉は何度も負傷したが、前線を去ることはなかった。1938年5月の徐州の戦いで、西住は渡河地点を探して運河を徒歩で偵察していたところを中国兵に射殺された。写真のかれは昭五式軍衣に旧型の肩章をつけている。

『一号作戦』攻勢
『コ号作戦』(1944年4月)

戦車第3師団
(山路秀男中将)

戦車第6旅団
　(佐武勝司少将)
　　戦車第13連隊
　　　(栗栖英之介中佐)
　　戦車第17連隊
　　　(渡辺謙太郎中佐)
捜索隊
　(福島甚三郎大佐)
機動歩兵第3連隊
機動砲兵第3連隊
速射砲隊
工兵隊
整備隊
輜重隊

戦術部隊の編成
【中直轄挺進隊】
　捜索隊
　工兵隊
【右直轄挺進隊】
　戦車第13連隊
　機動歩兵第3連隊の主力
　機動砲兵第3連隊の半分
【左直轄挺進隊】
　戦車第6旅団
　戦車第17連隊
　機動歩兵第3連隊の一部
　機動砲兵第3連隊の半分

央にあった中国軍の大突出部を排除することだった。山路中将は隷下の右直轄挺進隊と左直轄挺進隊に臨汝へ進出するよう命令した。中直轄挺進隊は途中遭遇する小規模な中国軍部隊にはかまわず、すみやかに白沙まで前進せよと命じられた。右直轄挺進隊は中国軍が厳重に防御していた葉県を迂回し、郟県へ進出した。左直轄挺進隊と中直轄挺進隊は襄城を経由して郟県へ向かい、5月2日午後に郟県を攻撃した。その夜捜索隊は隠密裏に同市の西側へ進出。同師団の本隊と協同して夜襲を敢行し、背後から攻撃された中国軍は総崩れとなり、郟県から敗走した。翌日、師団は途中の敵軍を蹂躙しながら臨汝へ向かい、夕方に臨汝を攻撃した。戦車第17連隊の戦車は市内に突入し、三時間にわたる戦いののち中国軍は退却した。捜索隊はこれを白沙まで追撃した。同市の中国軍はもぬけの殻で、捜索隊は5月4日にこれを占領した。

　臨汝の占領後、山路中将は洛陽攻略を支援するには龍門の占領が重要であると感じ、この任務を右直轄挺進隊に命じた。挺進隊の戦車隊が龍門に近づいたところ、対戦車砲火を浴びせかけられた。日本軍の斥候隊により龍門近郊の山岳部には師団規模の中国軍が配置されていることが判明し、5日午後に機動歩兵隊がその陣地への攻撃を開始した。激しい戦いは3日間つづいたが、日本軍は主峰の頂上に5月7日朝に到達したのだった。洛陽への道は開かれた。

　11日、戦車第3師団は洛陽に到着し、翌日から攻撃を開始した。しかし洛陽は厳重に要塞化されており、3日間の山岳戦で消耗しきった少数の歩兵隊の支援しかない1個戦車師団のみでは攻略できないことが判明した。第12軍は同師団に攻撃を中止し、退却する中国軍を追撃するため洛水へ1個支隊を出すよう命じた。この支隊は捜索隊、機動歩兵大隊1個、機動砲兵大隊1個、工兵隊で編成されていた。5月15日、支隊は宜陽を攻撃し、師団規模とおぼしい中国軍を撃破した。川沿いに進出した同隊は翌日洛寧を占領し、まもなく長水へ到達した。この追撃隊は洛水沿いに退却する中国軍の敗残部隊を一掃できなかった。延期されていた洛陽攻撃は5月22日

装軌式の九四式3／4トン被牽引貨物車を牽引した九四式軽装甲車が、丸太の敷かれた浅瀬を越えて前線へ向かう。先頭の車輌の迷彩パターンがよくわかる。1938年5月、徐州の戦いにて。

1944年5月、『コ号作戦』で中国中部の洛陽をめざす戦車第3師団の部隊。九七式新砲塔チハが左に見える。写真の砂塵に覆われた険しい地形と劣悪な道路を見れば、『一号作戦』攻勢の第一段階で1,400kmにもおよぶ路上・路外行軍の結果、同師団の戦車の約3分の1が落伍したというのも納得できる。

に開始された。戦車第3師団の支援をうけた第63師団が攻撃の主力をつとめた。洛陽は25日に陥落し、約10,000名の中国兵が戦死あるいは捕虜となった。

戦車第3師団はおよそ1,400kmを進撃し、洛陽攻略では目覚しい活躍を示した。しかしこの戦いでは問題点も指摘された。戦車の稼働率が低かったことと、戦車師団が洛陽へ向かってしまったため、河南省で多数の中国兵が日本軍の包囲網から脱出したことだった。第12軍はこれらの点を不満としたが、同戦車師団を非難するのはまったく不公平だろう。中華民国の公式戦史によれば、容赦ない日本軍戦車隊の進撃が中国軍が総崩れになった一因だったという。おそらく第12軍は攻撃作戦における機甲部隊の重要性をいまだによく理解していなかったのだろう。

河南省の戦いののち、『一号作戦』攻勢は第2段階『ト号作戦第一期』、すなわち1944年6〜7月の大規模南進へと移行した。戦車第3師団所属の戦車第6旅団と支援部隊はこの攻勢に参加したが、同師団のその他の部隊は修理と再装備のため河南に残置された。10月に同旅団が長沙に到着するまでに長距離連続行軍により多くの車輌が消耗された。同旅団は引きあげられ、兵站線の警備と後方守備を命じられた。この作戦でかれらは機動力によって"移動トーチカ"として補給路の重要地点を防衛したり、強力な火力でゲリラや匪賊を撃退できることを証明した。『一号作戦』での戦車第3師団の活躍はこうして終わった。戦車第1師団は満州に残ったが、戦車第2師団の大部分はフィリピンに派遣された。

佐伯支隊（1941年12月、マレー）
（縦隊行軍時の順番にしたがい列記）

戦車第3小隊（九七式中戦車×2）
第3中隊長車（九七式中戦車）
戦車第1小隊（九七式中戦車×3）
戦車第2小隊（九七式中戦車×3）
中隊本部（九五式軽戦車×2）
捜索第5連隊 軽装甲車第4中隊
捜索第5連隊 歩兵第2中隊第1小隊
捜索第5連隊本部
通信小隊
捜索第5連隊 歩兵第2中隊（第1小隊をのぞく）
工兵第5連隊 第12小隊
山砲第5連隊 第9中隊
捜索第5連隊 歩兵第1中隊
後衛隊

1941〜42年、マレー
MALAYA, 1941-42

ジットラ
Jitra

　ジットラはマレー北西部の西海岸に近く、同国のタイ国境近辺に位置する。1941年12月、イギリス軍とインド軍はある渓谷をまたぐ簡易構築陣地に布陣した。雨が降ると戦闘陣地は水浸しになり、電話線は流された。この戦線の長さは約23kmあったが、守備隊はわずか2個歩兵旅団だった。2本の幹線道路と1本の鉄道が渓谷を南へ伸び、西側面はマングローブ湿地帯の広がる海岸で、東側面は丘陵地だった。

　日本軍の第5師団はマレー半島の反対側にあたるタイのシンゴラに上陸し、半島を横断してマレーへ北から入った。同師団には山根 稠中尉指揮下の戦車第1連隊第3中隊を中心に編成された佐伯支隊が配属されていた。日本軍にはジットラの連合軍防衛線に関するほとんど情報がなく、攻撃計画は賭けに等しかった。しかし佐伯中将は幹線道路を戦車隊で突破するのが最善策だと確信していた。かれが下した命令は「もし一輌やられたら、それを棄てて前進せよ。もし二輌やられたなら、それも棄てて前進せよ。敵どころか味方を轢いてもかまわん、進めるかぎり前進せよ」だった。佐伯の命令はいかにも元騎兵らしかった。

　日本軍の攻撃は12月11日午後に開始され、先陣を切ってイギリス軍陣地に突進したのは佐伯支隊だった。インド兵はそれまで戦車を見たことがなかった。わずか11輌の戦車と数輌の軽装甲車しかいなかったにもかかわらず、泥濘地に敷設された対戦車地雷が戦車隊を阻止できなかったのを見ると、かれらはパニックになった。数時間のうちに守備隊は撤退許可を打診しはじめたが、当初は却下された。しかし最終的には川の防衛線までの緊急撤退が認められた――が、それより後方の陣地はなかった。深夜からの慌ただしい撤退は無秩序で混乱をきわめた。日本軍戦車隊はジットラへの道をひた走った。12月13日に英連邦軍は川の橋を爆破してから南へ退却した。わずか15時間で第5師団は南方へのびる重要幹線を確保し、英連邦軍はシンガポールへ撤退を開始、そして無傷の集積物資と多数の貴重な遺棄車輌が鹵獲されたのだった。

ヤシの木をなぎ倒す佐伯支隊の九七式チハは、戦車第1連隊第3中隊の所属。砲塔の『志』が中隊を示し、車体側面の『3』が車輌番号。連隊内の中隊を表示する共通規則はなく、各部隊が独自の方式をとっていた。1941〜42年、マレー。

イギリス軍をマレー半島から追い落としたのは日本軍の第25軍だったが、同軍をビルマからインドへ退けたのは第15軍で、ルソン島でバターン半島へ米軍を追い詰めたのは第14軍だった。この戦車第7師団所属の八九式中戦車は一見壊れているように見えるが、これはいかつい バナナの木の枝で各部を擬装しているため。車体前面に開いた機銃手ハッチの内側がアスベストで裏打ちされているのに注意。当時の戦車で車外の熱をここまで念入りに断熱していた例はまれである。フィリピンのルソン島、1941年12月ないし翌年1月。

スリム川
Slim River

　1942年1月、マレー半島での日本軍の進撃はスリム川のイギリス軍防衛線により阻まれた。鬱蒼と茂ったジャングルが川の周辺に広がり、陣地を隠すだけでなく障害物にもなっていた。ジャングルを抜ける唯一の道路は英第12旅団の堅固な塹壕陣地が遮断していた。
　戦車第6連隊第4中隊の中隊長島田豊作少佐は夜襲により英軍防衛線を突破しようと計画した。島田戦車隊が支援していた歩兵第42連隊の連隊長安藤大佐は当初かれの計画に難色を示した。戦車の夜襲は異例で危険なうえ、しかもまわりはジャングルである。だが島田は連合軍の防衛線をすみやかに突破するにはこの方法しかないと信じており、自らの作戦に自信をもっていた。
　15輌の戦車（戦車第4中隊の九七式中戦車10輌と九五式軽戦車2輌に、野口大尉の戦車第1中隊の九五式軽戦車3輌）がこの夜間奇襲攻撃に参加し、それ以外の戦車第1中隊の車輌は翌日の後続攻撃のための予備戦力として残された。約80名の歩兵と20名の工兵が島田戦車隊に徒歩で随伴した。かれらは戦車との協同作戦の経験がなかったため、島田少佐はかれらに訓示した。「諸君はこの戦いを心配しているようだが安心したまえ。戦車が敵をやっつけて諸君を守る。鉄砲は撃つな。もし敵が戦車に肉薄攻撃をかけてきたら銃剣で突き殺せ。工兵は戦車隊が援護するから道路の障害物を除去してくれ。戦車について来い、絶対に離れるな」
　1月7日の夜、100名の兵隊を随伴させた15輌の戦車は道路を進み、イギリス軍の防衛線を攻撃したが、これは完全な奇襲になった。敵の砲火は発砲する戦車に集中したため、随伴した歩兵と工兵の損害は数名だけだった。戦闘は島田の思惑どおりに展開した。防衛線を突破した島田隊はトロラクに到着したが、ここでかれは三つの選択肢につきあたった。友軍の到着を待つあいだ、トロラクを敵の逆襲から守ること。引き返して防衛線の残存陣地を背後から叩き、日本軍の主力攻撃隊に協力すること。そしてこのまま進みつづけ、トロラクの東にいる英連邦軍の予備部隊を攻撃すること。
　最初の選択肢は最も常識的だった。しかし島田隊は孤立した小部隊なので、東から逆襲をうければ大きな損害が予想された。第二の選択肢はかれが防衛線の守備隊と背後にいるトロラク東の予備部隊に挟み撃ちにされるため、不可能だった。第三の案はトロラク東の英連邦軍の戦力が不明だったため、危険だった。だがもし成功すれば、スリム川にかかる重要な橋を確保できた。島田は戦車はなんといっても攻撃兵器であり、防御用ではないと信じていた。もし直ちにトロラク東に奇襲攻撃を仕掛ければ、敵の混乱を衝ける可能性があった。

トロラクの確保のために歩兵と工兵を残し、島田が指揮下の戦車隊を東へ進めると、英軍の第28旅団と砲兵隊の大野営地に出た。暗闇から現れた日本軍戦車に兵士たちは仰天し、たちまち散り散りになった。島田隊は前進しつづけ、最後にはスリム川に到着し橋を確保した。わずかな支援のみの小戦車隊の勇敢な行動により、2個英軍旅団が守備していたスリム川の防衛線はたった一日で粉砕された。ついにシンガポールへの道が怒涛のごとき日本軍に開かれたのだった。

1942年3〜4月、ビルマ前進
BURMA, The advance, March-April 1942

　1942年3月6日、戦車第2連隊第1中隊の九五式軽戦車5輌が英第7軽騎兵隊のM3スチュアート軽戦車約20輌とペグー近郊で遭遇した。両者は1,000mから2〜300mの距離で射撃しあった。九五式の37㎜砲はアメリカ製のより強力な37㎜砲を装備するM3スチュアートにはほとんど効かず、日本軍戦車は4輌が炎上して失われ、1輌が擱座した。日本軍はスチュアート1輌を撃破したと主張したが、それ以外のM3はまったく無傷だった。

　M3スチュアートは北アフリカのイギリス軍ではすでに旧式化したと思われていたが、ビルマではこれを装備した第7軽騎兵隊と英陸軍第2戦車連隊が日本軍戦車隊の前に立ちふさがった。戦車第1連隊はビルマに到着すると、M3の廃車に対して射撃試験を行なった。その結果、九七式中戦車の57㎜砲は徹甲弾ではM3をあらゆる角度、距離からも貫通できないという、きわめて由々しき事実が判明した。つぎに榴弾が試された。3輌の戦車がM3の砲塔側面に集中射撃を行なった。およそ30㎝四方の大穴が装甲板にあいた――が、これは砲弾が装甲を貫通したのではなく、単に榴弾の炸裂であいたものだった。この試験結果からM3スチュアートは榴弾を集中射撃すれば撃破は可能と結論されたが、これは気休めにはならなかった。試験は静止した戦車に3輌の戦車が停止射撃したものであり――敵戦車は木々の向こうから猛然と突進しながら撃ち返してくるのだ。

　インド国境までのイギリス軍の長い逃避行のあいだ、2個のスチュアート連隊が交代で強行偵察を含む後衛任務をつとめていた。4月25日に第7軽騎兵隊のある部隊（小隊）は日本軍の自動車化歩兵部隊の車列へ掃射を加え、これを追い立てながら至近距離で射撃した。4月27日の正午ごろ、戦車第1連隊の先行小隊が20輌あまりのスチュアートをウンドウィン周辺で発見した。かれらは密な茂みに戦車を隠し、英軍が近づいてくるのを監視した。英軍第2戦車連隊の先頭を行く戦車は車長がハッチから身体を出し、操縦手の覗察孔も開いていた。小隊の九五式3輌はこれが至近距離まで近づくのを待つと、榴弾の集中射撃を加えた。この英軍戦車は爆発につつまれ、たちまち炎上した。後続していたスチュアートは疎開隊形をとり応射しはじめた。そのとき戦車第1中隊の残りが戦場に到着し、英軍は撤退したものの、その日ずっと後退しながら応戦しつづけた。

　日本軍戦車隊は英軍のM3軽戦車隊よりも圧倒的に不利だったが、それでもビルマ戦線において活発かつ重要な役割を果たした。またかれらは多数のM3戦車の鹵獲に成功し、それらを活用した（ただし鹵獲したスチュアートを使って実施された夜間浸透作戦はすぐに露見して失敗した）。

この九五式ハ号はインパール作戦中、第33師団に配属された戦車第14連隊のもので、車体の日の丸の横に第3中隊のマークがついている。この角度から見ると37mm九四式戦車砲には装甲防盾がなく、砲架が露出しているのがわかる。7.7mm九七式車載機銃は装甲カバーが失われており、ボールマウント部が被弾で破損している。この鹵獲されたハ号は通常型の前面装甲だが、おもしろいことに第14連隊の上田大佐が1942年に鹵獲されたM3スチュアート戦車の装甲板を剥がし、常に各中隊の隊列の先頭に立つ第1小隊の小隊長車の前面に増加装甲として取りつけよと命じたことがあった。陸軍総司令部は戦車に直接増加装甲板を取りつけるのは違法行為──国有財産に対する毀損行為──であるとしたため、6本の鉄製支持架が装甲板に溶接されて車体にボルト止めされた。このくだらない官僚主義の結果、二重装甲が形成されたのは僥倖だった。4月20日のテンノパール攻撃は失敗に終わったが、この増加装甲をつけた九七式中戦車は英軍の6ポンド（57mm）対戦車砲の被弾にも耐えたのだった。1944年春〜夏、ビルマのインパール平野。

1944年春、インパール
Imphal, spring 1944

　この一連の大規模な戦いのあいだ、戦車第14連隊は第33師団の山本支隊に配属され、モーレからインパールをめざして進撃した。その途中の4月20日に同支隊は英軍にインパールの南東、テンノパールで遭遇し、同戦車隊の支援をうけた日本軍部隊が英軍陣地を攻撃したが失敗に終わった。戦車は起伏の激しい密林には不向きだったため、連隊長上田信夫大佐は部隊に後退を命じた。この決断に山本中将は激怒し、連隊長は井瀬清助大佐に更送された。

　5月初旬、戦車第14連隊は第33師団への帰還を命じられた。同連隊の約40輛の戦車はアラカン山脈を越えて悪路を550kmも行軍した。多くの戦車が落伍し、結局、5月末にインパールの南方に広がる湿地帯、インパール平野の第33師団までたどり着けたのはわずか14輛だった。これらの戦車を中心に井瀬支隊が編成された。支隊は6月初旬にニントウコン北部を攻撃したが失敗し、同隊はニントウコンの防御陣地へ配置された。かれらはそこを約1ヵ月間守備したが多くの戦死者を出し（新連隊長を含む）、7月中旬に後退を命じられた。長引く雨季が終わってみると、掩体壕に長期間置かれていた戦車はすっかり泥に埋没しており、その多くがやむなく放棄された。

　延々とつづいたインパールの戦いでは史上唯一のM3軽戦車対M3中戦車の戦闘が起きている。3月20日、包囲された歩兵部隊の救出に向かうためカバウ渓谷の密林を前進していた英軍の混成戦車隊は戦車第14連隊第3中隊の待ち伏せ攻撃をうけた。第3銃騎兵隊のミラー中尉指揮下のM3リー小隊が先鋒をつとめ、A大隊本部小隊のピティット少佐が後衛についていた。アメリカ製のM3リー／グラント戦車はいずれもスポンソンに75mm砲（トーチカ攻撃用）を装備し、砲塔に37mm砲を装備していた。しかし待ち伏せ位置が巧妙だったため、九五式軽戦車はリーの薄い側面装甲を射撃でき、しかもリーは車体の75mm砲は向けられず、砲塔の砲も位置が高いためすぐに俯角をとれなかった。

　3輛の九五式軽戦車が小道の側面から射撃を開始したが、その37mm徹甲弾はM3の装甲にほとんど跳ね返されてしまった。リーの本部小隊が加勢するため前進するあいだ、鹵獲M3スチュアートに乗った小隊長花房少尉

ジャワ島の戦車隊（1942年3月）

第2師団
戦車第2連隊第2および第4中隊
（九七式中戦車×21）
捜索第2連隊（九七式軽装甲車×16）
【東海林支隊】
戦車第4連隊第1中隊（九五式軽戦車×10）
第48師団
戦車第4連隊第3中隊（九五式軽戦車×10）
戦車第2連隊第3中隊（九七式中戦車×10、M3軽戦車×5）
【坂口支隊】
第56歩兵団 軽装甲車隊（九七式軽装甲車×8）

スマトラ島北部

戦車第4連隊第2中隊（九五式軽戦車×10）

は激しい援護射撃をくぐり抜け、ミラー隊の1輛の後方に占位した。かれが連射を浴びせると、命中弾の1発がエンジン室へ貫通し、リーを炎上させた（M3中戦車の弱点）。英軍戦車兵は脱出したが戦死者も出た。そして空地での短いが激しい撃ち合いが終わったとき、5輛の九五式軽戦車が炎上し、1輛が擱座して鹵獲された。この戦いがビルマで日本軍戦車隊が英連邦軍に統率のとれた戦闘を挑んだ最後となった。

1942年3月、ジャワ島
Java, March 1942

　日本軍のオランダ領東インド諸島攻略は日本側の予想以上にすみやかに進んだ。ボルネオ島、ティモール島、スマトラ島はすぐに占領され、主島ジャワは包囲されて孤立した。日本の大本営はジャワ攻略作戦の予定を1ヵ月前倒しし、第16軍に2月末の攻撃を命じた。

　第16軍はジャワ島北部の海岸の3ヵ所に同時に上陸する計画を立てていた。主力部隊——第2師団と随伴する軍本部直轄の諸部隊——は同島西端のメラクに上陸、首都バタヴィアを制圧する。東海林支隊はその東方のエレタンに上陸。第48師団および坂口支隊はクラガンに上陸し、ジャワ島東部を制圧する。これらの部隊に配属された戦車隊については次頁の表にまとめた。

　第2師団の予定進撃路はメラクから東進し、チウジュン川の三つの橋を渡ってバタヴィアへ向かっていた。最も南に位置するのがランカスビトゥン、中央がパマラヤン、そして北がコポだった。これらの橋をオランダ軍が爆破する前に確保するため、野口中佐隷下の捜索第2連隊が先行上陸し、渡河のために急行するよう命じられた。同連隊は三つの集団に分けられた。K挺進隊はコポを、右先遣隊はランカスビトゥンをめざし、それぞれが軽装甲車5輛を装備していた。軽装甲車3輛を装備する左先遣隊はパマラヤンに向かった。

　3月1日の深夜、18隻の大発上陸用舟艇が輸送船団から出発し、メラク海岸に午前2時30分に到着した。直ちに上陸を終えた日本軍はライトを消したままセランへ向かい、途中いくつかの連合軍の小部隊と交戦した。かれらはセランの橋に午前4時に到着すると橋の守備隊を無力化し、これを

この37mm砲装備の九七式軽装甲車テケは1942年3月にジャワ島で捜索第2連隊が使用したもの。（監修者注：この車輌はビルマでイギリス軍が捕獲した）

完全確保した。捜索連隊はセランから三つの集団に分かれた。セランからランカスビトゥンへの道中で右先遣隊は3台のトラックに分乗していた多数のオランダ兵を捕虜にしたが、かれらはつい先刻確保した橋の警備の増援に向かうところだった。右先遣隊の隊長は鹵獲したトラックに乗って車列の先頭に立ち、次の橋の守備隊を欺こうとした。午前9時30分、オランダ軍守備隊は鹵獲トラックに手を振ってきたが、この計略はなぜか見抜かれ橋は爆破された。橋の守備隊は日本軍がいる側の岸から逃げたと見せかけて対岸から銃撃をはじめた。しかし日本軍はなんとか敵を排除してランカスビトゥンを確保すると、3月2日午後3時に元の連隊に合流した。

　K挺進隊がセランに突入したとき、隊長の軽装甲車が地雷を踏んだ。操縦手が重傷を負ったが、中村隊長は無事だった。同隊はコポに午前4時50分に到着したが、橋はすでに爆破されていた。コポへの突入時、軽装甲車隊は蘭領インドネシア軍に銃撃されたが、中村がインドネシア語で降伏を呼びかけると、かれらは銃を捨てた。

　左先遣隊は午前9時にパマラヤンに到着し、白石隊長は橋へ突進した。半分まで渡ったとき、かれはあらかじめ仕掛けてあった爆薬に点火しようとしている連合軍兵士たちを発見し、これを銃撃、射殺した。するとオランダ軍の装甲車が後方から出現した。白石はふたたび発砲し、これを擱座させた。日本軍歩兵は　橋へ急行し、爆薬を除去した　。

　パマラヤンでチウジュン川を渡河後、捜索連隊はセラン―バタヴィア間の道路の接続点が発見できなかったため、当初の目的地ではなくバイテンゾルグへ向かった。3月2日の夜、かれらはバルンガン付近で対戦車バリケードの陰から強力な援護射撃を背に前進してくる50〜60名の連合軍部隊と遭遇した。軽装甲車隊がこの守備隊に応戦する間に、主力部隊は道路から外れて森林を迂回し、側面からの攻撃により連合軍部隊を撃退した。

　3月3日の午後、捜索連隊の先遣隊は予定より遅れてレウウィリアンに到着したが、これは途中に多数の道路障害物があったためだった。かれらが同市に到着する前にチサダネ川にかかっていた橋はすでに破壊されていた。軽装甲車から2名の日本兵が降車して渡河可能な地点を徒歩で偵察しようとしたが、対岸の丘に大砲と機銃を備えた塹壕陣地があり、そこに潜んだ連合軍部隊から銃撃をうけ射殺された。軽装甲車隊が応射する一方、日本軍の野砲隊が守備隊を砲撃するため前進した。しかし日没までつづいた戦いののちも渡河はまだ達成できなかった。

　その夜、第2歩兵隊長の那須少将が隷下の歩兵第16連隊とともにレウウィリアンに到着し、困難な夜間渡河を命じた。歩兵隊はレウウィリアンの南方3kmの地点で渡河に成功し、例の丘の連合軍陣地を側面から攻撃するのに成功した。3月5日朝、捜索連隊はチサダネ川を筏で渡河し、バイテンゾルグへ進撃し、同市は3月6日朝に那須支隊によって占領された。捜索連隊はスバンへの進撃を命じられ、3月8日にはバイテンゾルグからの出発準備が整った。しかしスバンへ向かう路上でかれらはオランダ軍が降伏したという知らせを受け取ったのだった。

　ジャワの戦いでは第2師団に配属された戦車隊は予備として残され、戦闘には参加せず、もっぱら迂回された連合軍部隊の掃討にあたっただけだった。

独立戦車第1中隊
（1942年10月、ガダルカナル）

中隊本部
　（前田純人大尉）
九七式中戦車×1、九五式軽戦車×2
第1小隊（原田早苗中尉）
九七式中戦車×3
第2小隊（池田司中尉）
九七式中戦車×3
第3小隊（山路少尉）
九七式中戦車×3
輜重隊（中林准尉）
修理車×2、トラック×1
総兵力：104名、戦車12輌

太平洋の島々
THE PACIFIC ISLANDS

1942年10月、ガダルカナル
Guadalcanal, October 1942

　独立戦車第1中隊はオランダ領東インド諸島の戦いの終結後、戦車第2連隊第4中隊から編成された。同隊は6隻の輸送船団でソロモン諸島のガダルカナル島に1942年10月14日に到着し、全戦車を無事上陸させた。3日後、アメリカ軍の艦砲射撃で第3小隊の九七式中戦車1輌が損傷をうけた。誘導輪の破損だったが、同中隊には予備部品がなかったため、この戦車は行動不能になった。

　日本軍は10月23日に米海兵隊の防御地帯に二度目の総攻撃を計画していた。第17軍所属の部隊、第2師団と歩兵第35旅団から住吉支隊が編成された。支隊の主力は歩兵第4連隊（第3大隊をのぞく）、野戦砲兵第2連隊第3大隊、野戦重砲兵第4連隊、独立戦車第1中隊だった。支隊はマタニカウ川河口を渡河し、海兵隊防御地帯の西端を攻撃することになった。

　10月19日から同戦車中隊は河口西岸への偵察を開始した。干潮時の河口は海岸の砂州部が渡渉可能だった。初日、第2小隊が河岸に接近したが、

鹵獲された前田大尉隷下の独立戦車第1中隊所属の九七式チハ中戦車を異なる角度から撮影したもの。2枚式の車長ハッチ——中央右手前側の部分（写真上、手前側）だけを開くと、馬蹄形の左ハッチ（写真下、手前側）から車長は頭を出せた。側面に2行にわたって書かれているのは新たな所有者の名称で"3rd BN. 19th MARINES/ 25th N.C.B."とあり、海兵隊第19連隊第3大隊と第25海軍建設大隊は単一の同じ部隊だった。、1942年10月、ガダルカナル。（訳者注；海兵隊は当時の慣例かRegimentが省略されている。ちなみに海兵隊第3師団の隷下）

この九七式チハ車は多数の命中弾により撃破された。砲塔に白で描かれた「菊水」紋は柴田大尉隷下の戦車第9連隊第5中隊のもので、小さな日の丸が二つ車体前面下部についている。57mm砲は吹き飛ばされ、駐退復座機だけが残っている。1944年6月、サイパン。（監修者注：戦車砲と前方機銃は乗員の脱出時に取り外された可能性がある）

米軍の反応はなく無事帰還した。2日目、第3小隊が河岸に到着したが、小隊長車が37mm対戦車砲弾1発に被弾した。乗員1名が負傷し、戦車砲が使用不能になった。3日目、第1小隊は河岸まで進出し交戦、損害をうけることなく対戦車砲1門を破壊した。

前田中隊長は河口周辺の開けた土地では米軍の砲火にまともに狙い撃ちされることを知っていた。そこでかれは歩兵隊が砲兵の支援をうけながら最初に渡河して対岸を確保後、戦車が渡河し飛行場の攻撃に向かうという作戦を立案した。しかしかれの案は砲兵隊の弾薬不足という理由で却下されてしまった。住吉支隊の隊長は砲兵士官で、戦車隊なら米軍の機銃に撃たれても渡河し、歩兵隊が渡河する前に対岸を制圧できるはずだと考えていた。それを聞いた前田大尉は死を覚悟した。先の斥候隊は当然ながら海兵隊は戦車の攻撃を警戒していると警告していた。37mm対戦車砲とM3ハーフトラック搭載の75mm砲が追加配置され、付近には予備戦力のM3軽戦車が控えていた。

10月23日午後2時30分、10輌の戦車が出撃し、歩兵とともに浜辺を前進した。この進軍中、前田大尉の乗車が故障したため、中隊長であるかれは第3小隊長車へ移乗した。川の500mほど手前から米軍の砲弾が降りそそぎはじめ、歩兵は砲撃を避けるためジャングルへ退避した。午後5時ごろ戦車隊がマタニカウ川に到着したとき、かれらに支援部隊はなかった。夕闇がせまるなか、第2小隊長池田中尉が歩兵なしでの渡河を決断し、原田中尉の第1小隊がこれにつづいた。姿をあらわすやいなや九七式は激しい砲火にさらされ、池田車は岸から10mほど川に入ったところで砲塔に命中弾をうけ、池田と砲手は戦死した。同車は軟弱な川砂に足をとられ、生き残った乗員2名は脱出した。第2小隊の2号車と3号車はなんとか渡河に成功したが、両車とも東岸で立ち往生したところを米軍の砲撃で破壊された。

第1小隊の小隊長原田中尉の乗車は渡河の最中、地雷か砲弾により履帯が破壊された。乗員は脱出し、後退した。第1小隊の2号車は川に水没し、乗員2名が溺死した。3号車の九七式は命中弾をうけ、乗員全員が死亡した。前田大尉が乗り込んでいた第3小隊の小隊長車は遅れて到着した。同車は渡河地点に駆けつけたところで被弾し、前田大尉と小隊長山路少尉が戦死した。中隊本部の九五式軽戦車2輌も渡河後に破壊された。この渡河作戦

戦車第9連隊
（1944年6月、サイパン）

戦車第9連隊
　（五島正大佐）
第1中隊（幸積三中尉）
　九五式軽戦車×17
第2中隊（佐藤恒成大尉）
　九七式中戦車×10、九七式中戦車新砲塔×1、九五式軽戦車×3
第3中隊（西舘法夫大尉）
　　第2中隊に同じ
第4中隊（吉村成夫大尉）
　　第2中隊に同じ
第5中隊（柴田勝文大尉）
　　第2中隊に同じ
整備中隊
　（鳥飼守中尉）

注：第1および第2中隊と整備中隊の一部はグァム島へ派遣。

の結果、44名の戦車隊員中生存者はわずか17名で、うち7名が負傷していた。こうして独立戦車第1中隊は壊滅した。歩兵部隊はその夜一晩中渡河を試みつづけた。日本軍戦車隊が阻止された直後、米海兵隊のM3およびM2A3軽戦車が到着し、この歩兵部隊の攻撃の撃退に協力した。翌晩もこの河川陣地を占領するため攻撃が再開されたが、これもまた失敗に終わった。

1944年6月、サイパン
Saipan, June 1944

　1944年中盤、日本軍はアメリカ軍がサイパン島の西海岸の中央部ないし南部に上陸すると予想していた。海岸中部のガラパンまたはタナパグ港が上陸された場合、戦車第9連隊の48輛の戦車の大部分はガラパンの3km東に集結することになっていた。西海岸南部のチャランカノア、または東海岸のマジシャン湾が上陸された場合、戦車隊はアスリート飛行場の1km北に集結することになっていたが、1個中隊だけはチャランカノア周辺に残置することになっていた。

　米海兵隊第4師団は6月15日にチャランカノアに上陸し、戦車第9連隊第4中隊はチャランカノアを両側面から数度にわたって攻撃したが、14輛あった戦車隊は3輛を残して全滅した。6月16日午後5時、陸軍の歩兵第136連隊と戦車第9連隊は海軍特別陸戦隊とともに、海兵隊第4師団の北側に上陸していた海兵隊第2師団の中央部へ逆襲を実施した。これらの部隊は前夜の戦闘による混乱がまだつづいていたため、攻撃開始は翌未明の午前3時30分となり、戦車37輛前後と歩兵約500名が海兵隊を攻撃した。かれらは海兵隊のM4A2シャーマン戦車、M3A2ハーフトラック搭載型75㎜砲、37㎜対戦車砲、バズーカ、砲兵隊と遭遇し、少なくとも戦車24輛が撃破され、歩兵300名が戦死した。この太平洋戦域最大の戦車対戦車の戦闘は午前7時に終結した。海兵隊の死傷者は約100名だった。

この九七式新砲塔チハは砲塔に白の破線があり、サイパンの戦車第9連隊連隊長五島正大佐の乗車とわかる。この47㎜砲装備の戦車は各中隊に1輛しか配備されなかった。車体側面の「あそ」は阿蘇山から。

戦車第9連隊、下田四郎軍曹の手記
Account of Sgt Shiro Shimoda, 9th Tank Regt
下田軍曹は第3中隊本部付の九五式軽戦車の乗員だった

　17日0230、第九連隊の戦車30輌が、いっせいにエンジンを始動した。私は、はじめての戦闘体験に、気持ちがたかぶっていた。
　稜線を越えて、海岸線を見おろした時、私は息をのんだ。無数の星弾と曳光弾が夜空をあざやかな色にかえていた。まるで白昼のようだった。戦車のキャタピラの音を待ち受けるように、米軍の銃火が赤く走った。
　戦車隊は、地形上、二列縦隊のかたちをとらざるを得なかった。通常、戦車隊は横列配置なのだが、ここでも不利な戦法をとらされてしまったのだ。
　戦車は稜線をなだれ落ちるように敵陣に突入した。しかも戦車の上に歩兵を乗せている。
　「空に向かって射てっ！」中尾曹長が怒鳴った。
　縦列なので前方に発射すれば、友軍の戦車を傷つける。威嚇のために、ともかく空に向かって射て、というわけである。私は機関銃の銃口を上に向けて引鉄をひきつづけた。中尾曹長も、同じように主砲の装塡に追われている。
　敵陣に突入するまでに、車上の歩兵隊員は、ほとんど戦死していた。
　乱入状態で戦車隊の指揮系統は完全に麻痺した。不慣れな縦列突撃で支離滅裂となった。縦隊の前部は、どんどん突っ走り、敵味方入り乱れての壮絶な戦闘であった。私はただ機銃の引鉄を無意識に引きつづけていた。照明弾に疾走する戦車が浮かび、バズーカの餌食になった。
　米軍のM4戦車も姿を見せた。精強の第九連隊は、技術的には米軍をはるかにしのいだ。戦車砲は見事にM4戦車をとらえた。しかし、装甲が違った。日本の九七式中戦車は25㎜、M4は140㎜である。命中弾はボールのように、むなしくはね返るだけであった。第九連隊の戦車はあいついで擱座し、煙をあげ、炎に包まれた。かろうじて生き残っていた歩兵たちも、つぎつぎに倒れていった。
　指揮班の私たちは、当初、中隊長のそばをはなれず戦車を走らせていた。中隊長車が被弾すれば、西舘中尉は私の戦車に乗り移って中隊の指揮をとることになっていたが、そんな手順も無意味であった。
　中隊長車は擱座した瞬間、真っ赤な炎に包まれ、一人も脱出できなかったのだ。全員即死の状態で被弾したのに違いない。西舘中尉（陸士五十五期）は22歳、渋谷徳治曹長は25歳、石飛勘左衛門曹長は23歳、神山俊一軍曹（少年戦車兵一期生）20歳、富岡和雄兵長（少年戦車兵三期生）18歳であった。
　私たちの戦車も、衝撃を受けると同時にエンジンが停止した。
　「しまった！」操縦席の浅沼兵長が大声をあげた。キャタピラをやられてしまったのだ。直撃弾を受けたキャタピラは、ひきちぎられたように車体からはずれ、転輪がガラガラとからまわりしていた。
　「外に出よう」中尾曹長は、戦車からの脱出を決断した。私は機関銃を手ばやくとりはずし、浅沼兵長に手わたして、まず戦車から飛び降りた。私が機関銃を受け取ると、残りの二人もつづいた。ちょうど目の前に窪地が

あった。とっさに三人は飛びこんだ。

　激しい戦闘が、なおもつづいていた。数十m先を、まだ疾走している戦車もいた。擱座した戦車は、さらに米軍のバズーカの標的になっていた。

　天蓋をはねあげて戦車から脱出した川上猛雄曹長は、日本刀をふりかざして単身、敵陣に切り込んでいった。川上曹長とは満州時代から親しかったのだが……。

　戦闘を傍観する立場に、私はいたたまれなかった。何度か、機関銃をかかえて窪地を飛びだそうとしたが、中尾曹長に強く制止された。
「死に急ぐな、戦闘はこれからだ。この場は俺にまかせろっ！」
　約二時間、私らは凝視しつづけた。夜が白みはじめ、銃声も静かになってきたころには、勝敗は明らかとなっていた。破壊された29輌の戦車が無惨な姿をさらしていた。

　中尾曹長は、中退本部への引き揚げを指示した。チャチャの中隊本部をめざし、山肌をはって後退をはじめた。途中、仁科信綱軍曹の戦車がただ一輌、私たちを追いこして撤退して行った。稜線をこえた地点で、仁科軍曹は戦車をとめていた。
「友軍は全滅した」と、かれは大声で告げた。輝ける戦車第九連隊は、ついに壊滅したのである。
〜『慟哭のキャタピラ　サイパンから還った九七式中戦車』下田四郎著（翔雲社刊）より引用〜

　同連隊の数少ない生き残りの戦車は小集団に分かれて戦いつづけた。6月23日に米海兵隊・陸軍防衛線に対して5輌の戦車による攻撃が二度行なわれたが、大半が撃破された。翌日海兵隊は二度の反撃を実施し、7輌あった戦車のうち撃破されずに脱出できたのは1輌だけだった。

ルソン島、1945年。戦車第2師団機動砲兵第2連隊の一式75㎜自走砲。前部フェンダーに置かれた榴弾に注意。**本車は自走砲として設計されたにもかかわらず、対戦車戦闘に使用される方が多かった。**1945年、ルソン島。

1945年1〜2月、ルソン島
Luzon, January-February 1945

　米軍がマリアナ諸島と蘭領ニューギニアを確保したのをうけ、1944年8月に戦車第2師団がフィリピンの主島であるルソン島に配置された。アメリカ軍のフィリピン奪還は1944年10月のレイテ島上陸から始まり、ルソン島への攻撃は1945年1月9日から開始された。山下大将は同戦車師団を後方にとどめ、無闇な反撃で消耗しないようにした。かれは隷下の部隊の大半を地形の険しい北部へ引きあげていた。かれの計画は戦場を絞りこみ、できるだけ多くのアメリカ軍機甲部隊を不利になる地域までおびき寄せ、補給路を内陸まで引き伸ばして艦砲射撃の支援も奪うことだった。

　米軍の上陸直後、戦車第2師団は内陸部へ移動を開始したが、空襲、橋梁の強度不足、燃料不足に悩まされた。アメリカ軍が内陸部に進出すると、広範囲に分散していた同師団の部隊は敵の進撃を遅らせるため、小規模な足止め攻撃を繰り返した。攻撃は道路の分岐点や村落の掩蔽陣地に潜伏した小規模な戦車支隊によっても行なわれた。師団の大部分はサン・ホセ周辺の掩蔽陣地に潜んでいた。2月1日にアメリカ軍は同市へ進撃を開始し、日本軍師団はわずか1週間あまりの熾烈な戦闘でかつて220輌あった戦車のうち108輌を失った。その後、日本軍戦車隊は支隊単位で広い地域に散開し、歩兵の攻撃を支援したり（たちまち狙い撃ちされたが）、道路遮断陣地に潜んでいた。ルソン島では終戦まで小規模な戦車戦がつづいた。

戦車第7連隊、和田小十郎准尉の手記
Account of Warrant Officer Kojuro Wada, 7th Tank Regt
和田准尉はウルダネタ戦当時、同連隊第3中隊で小隊長をつとめていた

　17日の午前8時頃、前方の橋梁に出ていた盟兵団の分哨の兵が6、7名、走って後退してきた。あわてている。
「米さんの戦車がきました」と苦しい呼吸をしながら告げた。
「戦車だけか」と聞くと、「ゲリラも一緒です」といって鼻をこする。
「全員乗車、戦闘準備！」と命令して「戦車は何台くらいか分からんか」

戦車第2師団
（岩仲義治中将）
1945年1月、ルソン島

戦車第3旅団
　（重見伊三雄少将）
　　戦車第6連隊
　　　（井田君平大佐）
　　戦車第7連隊
　　　（前田孝夫中佐）
　　戦車第10連隊
　　　（原田一夫中佐）
機動歩兵第2連隊
機動砲兵第2連隊
速射砲隊
工兵隊
整備隊
輜重隊
通信隊
患者収容隊

ルソン島で鹵獲された戦車第2師団の別の車輌。師団工兵隊所属の装甲作業器SS型。車体の熊手を使って対戦車地雷を除去したり、鉄条網や密林に突破口を開くことができた。

と聞くと、かれらは「たくさんいます。20台以上でしょう」と答える。各車は砲口蓋をとり、エンジンを始動した。戦車壕は七分通りできたが、戦車を入れると、前や横に傾いて水平射撃ができない。止むなく昨夜、バックで入ったままの態勢で戦闘することにした。

　私は、小隊の戦車の前方6、7mのコンクリート道路の端に目印のマンゴの木の枝を突きさし、「敵の先頭車がこの位置にくるまで射撃をしてはならん」と示した。

　「Ｍ４の上部転輪付近はこの砲で軽く貫けるからあわてるな。歩兵がきたら、後方を威嚇しながら砲塔機関銃で射て」と指示すると、「やるぞ！」と気合いのこもった声が第二車、第三車から聞こえた。各車から前の道路まで8mくらい、彼我の戦車が鼻をつきあわせる距離である。砲塔から頭を出して警戒していると、第三車の鈴木軍曹が声を出さずに手を敵方に振り、Ｍ４の前進してくる様子を知らせた。上空のアブの音に混じって、カラカラと敵戦車の軽い音が聞こえる。

　1台、2台、3台と、椰子の間から見え出した。Ｍ４正面の白い星がよく判る。その距離100m、70m、50m、30m、と迫ってくるが、こちらの偽装が上手なので気づかれない。少しおくれて色とりどりの服装をしたゲリラ兵がついてくる。

　「まだまだ」と、砲手小谷軍曹を早まらせないように注意する。

　遂に距離8m、砲手の誰もが待ちきれない。第三車の鈴木貞武軍曹が轟然と火蓋を切った。小皆、小谷軍曹がつづいて射った。

　ガチャリンと薬莢が落ちるのと、ほとんど同時だった。操縦席の山下伍長が、「命中！」と強く叫ぶ。たちまち先頭車は火を吐きつつ道路の向こうへ退避していった。ズングリした大きな戦車に見えた。二番目のＭ４も長い砲を向うへ向けたまま、わが小隊の集中砲火を喰らって同じく火災を起こした。山下伍長が、「ヤッタヤッタ」と小躍りして喜ぶ。わが三輪の砲火は、期せずして敵の第三車に集中したが、敵もわれを発見したか、クルリと正面をこちらに向けた。

　わが小隊は三戦車から各60発くらいの徹甲弾を息もつかず集中したが、Ｍ４正面は装甲厚く、ことごとく滑って白紫の閃光をひいて高く空中に飛んだ。小谷軍曹が「歯痒い！」といって次の弾を装填した瞬間、山下伍長がアッと低い声を出した。見れば戦車のリベットが敵弾で吹っとんで、右膝関節の上のところに突き立っている。加藤伍長が抜いてタオルで巻いてやった。

　私の右肩から一尺くらい離れた後で、パッと火が出てパアーンと音がした。小谷軍曹が「何でしょう」といいつつ発射すると、戦車がゴクンと強い衝撃を受け、ガラガラズズシンと音がした。

　「小谷、射方待て」といって天蓋から外へ出た。真っ赤な火が小隊長車の機関室から横に吹き出し、思わず身を伏せた。さっきＭ４の弾が命中したのである。

　こちらが砲撃を中止するとＭ４は不思議にも撃ってこない。わが戦車は、後方右側の誘導輪のシャフトに徹甲弾が命中してポッキリ折れ、キャタピラとともにごっそり落ちている。また一発は操縦席の腰掛けの下を横に貫いており、他の一発は戦闘室と機関室との境を貫通し、さいごの一発はエンジンを斜めに貫通していたが、ディーゼル・エンジンであるため幸いに

火災を免れたのであった。
　眼前のＭ４戦車は完全に擱座したが、まだ砲塔がわずかに動いている。「敵の奴まだ残っているか」とつぶやくと、車内から小谷軍曹が、「小隊長殿、徹甲弾は残り５発であります」という。「よし、その５発は残し、小隊長車はみんな下車！」と命じた。
　小皆軍曹車も鈴木軍曹車も健在であった。が、小皆軍曹はＭ４砲弾が砲の装着部をかすったため左の指３本をとられ、砲手の梶浦伍長は右眼を負傷し相当重いようであった。
　「加藤兵長、鈴木兵長！　二人で小皆軍曹と梶浦伍長を連れて実光隊に行け」と命じたが、小皆軍曹は傷が浅いといって頑として退かなかった。鈴木兵長らが実光隊に到着してＭ４撃破の状況を報告すると、同中隊長以下喜び、士気大いに上がった。
　敵の第三戦車は、わがはげしい砲撃で乗員の腰が抜け、眼が見えなくなったのであろう。鈴木車を真横に前進させ撃破を命じた。ボーンと第一弾を打ち込んだが、「滑った」と異口同音。さらに前進して第二発、Ｍ４はぶるぶると震えたように見えた。砲手は小関五郎伍長である。敵Ｍ４の砲塔も動いて凄い発射火光が出たが、つづいて火焔に包まれた。
　「鈴木車が火事だ！」と誰かが叫んだ。天蓋から一人躍り出てバッタリ倒れた。
　「小谷早く行け！」「アッ小関！」
　　右胸部を大きくえぐられている。
　「小関伍長」
　　口を動かすだけである。呼吸が全部傷口から抜けるので声が出ない。
　「小関！　小隊長だ。判るか。よくやった。Ｍ４は火災を起こして燃えてるぞ」といったが、ただ口をもぐもぐするだけである。もう手の下しようがない。最期の水を呑ませる他なかろうと思っていると、小関は左手で自分の頭を幾回も指す。苦しいから早く殺してくれの意らしい。「なんで可愛い小関が殺されよう！」と、止めどもなく涙が流れる。
　小隊長の小谷軍曹、山下伍長は同じ少年戦車兵出身の鈴木貞武軍曹が、愛車の中で燃えているのに気づき、思わず駆けより「鈴木、鈴木班長！」と呼べど返事は何もない。間もなく小関伍長も戦友に見護られて静かに鬼

この鹵獲車輌は西中佐隷下の戦車第26連隊に所属していた九七式新砲塔チハ中戦車の1輌。1945年2〜3月、硫黄島。

籍に入った。時に午前11時20分、戦闘は一刻前に始まったように感じられるが、敵のM4戦車と砲戦を開始してから、すでに3時間経過していた。
～『実録太平洋戦争 第5巻 硫黄島血戦から沖縄玉砕まで』（中央公論社刊）和田小十郎記「重見戦車旅団の死闘」より引用～

1945年8月、満州
Manchuria, August 1945

　かつて関東軍は満州に10個戦車連隊を擁していたが、戦争の激化につれて多くの戦車隊が太平洋戦線へ派遣されていった。1945年にソ連が満州へ侵攻したとき、残っていたのはわずか4個戦車連隊のみで──しかもそのうちの2個はソ連軍の侵攻のわずか4日前に編成されたものだった。
　そのひとつ戦車第34連隊は交通の要衝、奉天を防衛するため四平から移動された。日本が連合軍に降伏するらしいという知らせをうけ、同連隊をはじめ、新京（長春）を守備していた戦車第35連隊、四平の戦車第51および第52連隊などの部隊は戦うことなく降伏した。
　しかし満州にはソ連軍に戦わずして降伏する道を選ばなかった戦車隊も存在した。8月11日、第5軍の命令により1個の戦車中隊が編成された。同中隊は第17野戦自動車廠にあった九五式軽戦車9輌からなり、隊長は水谷中尉だった。8月12日、この寄せ集め中隊は牡丹江に近い愛河へ派遣された。翌日愛河は歩兵と砲兵の支援をうけた約100輌のT-34戦車隊に攻撃された。小型の九五式軽戦車は歩兵を跨乗させたソ連軍戦車を射撃したが、ソ連軍戦車の損害が皆無だったのに対し、同隊は3輌を失った。15日に日本軍戦車隊の残余は撤退を命じられた。撤退後、わずか3輌にまで減っていた同中隊は牡丹江西方の横道河子でソ連軍に降伏した。

占守島
Shimushu Island

　占守島（しゅむしゅ）は千島列島の最北端に位置し、日本とソヴィエト間の国境線は占守島とカムチャツカ半島のあいだを走っていた。この僻地の島の約8,000

この硫黄島の九七式新砲塔チハは砲塔後面の機銃取りつけ部がよくわかる。その横のハッチは脱出と弾薬搭載に使用された。背景に見えるのは擂鉢山。

この九七式新砲塔は硫黄島に配備されていた11輌のうちの1輌で、砲塔を後ろに向けている。車体後部に取りつけられた牽引索の下に日本陸軍の白い星章が小さく見える。戦利品泥棒を防ぐため、海兵隊はすでに"STAY OFF（近づくな）"の表示を掲げている。

名からなる日本軍守備隊には戦車第11連隊が含まれ、九七式中戦車新砲塔20輌、九七式中戦車19輌、九五式軽戦車25輌を保有していた。池田末男大佐隷下の同連隊は、船水、宮家、藤井、伊藤、古沢、小宮の各大尉を中隊長とする第1から第6までの戦車中隊で構成され、整備中隊の中隊長は高橋大尉だった。

　8月15日に日本が降伏を宣言すると、戦車は整備されなくなり、武装と弾薬が撤去された。実際の武装解除はその二週間後まで実施されなかったが、日本は軍に攻撃作戦は停止させたものの、自衛権は依然として所有していた。かねてから千島列島の領有を目論んでいたスターリンは、アメリカの占領軍が到着する前に千島列島へ侵攻することを決定した。

　8月18日にソ連軍が8,000名あまりの兵力で占守島を強襲したとき、戦車隊は戦闘可能な状態になかった。守備隊の戦車兵約20名は大急ぎで各自の戦車を準備すると、池田大佐を先頭に島の南西端付近の士魂台にあった戦車第11連隊の基地から出撃した。午後5時ごろ、かれらは島のほぼ中央に位置する天神山に到着し、午後6時30分にはさらに北の四嶺山に進出した。同山付近でかれらがソ連軍1個中隊に遭遇したとき、日本軍の戦車は30輌にまで増えていた。

　午後6時50分にかれらはソ連軍の部隊を攻撃し、これを蹂躙した。午後7時50分に池田大佐はそこから遠くない同島北端の敵上陸地点への攻撃を決定した。日本軍戦車隊は橋頭堡へ殺到し、対戦車砲を揚陸しようとしていたソ連軍部隊を攻撃、敵の守備隊を蹴散らした。浜辺に夜霧がたちこめると戦車からは対戦車砲が発見できなくなり、両軍は2時間にわたる近接戦闘で大きな損害を出した。100名以上のソ連兵が死亡し、96名の日本戦車兵が戦死したが、そこには池田大佐と4名の中隊長も含まれていた。この第二次大戦最後の戦いで21輌の日本軍戦車が破壊された。8月20日に停戦が成立し、日本軍は同島を明け渡した。

まとめ
SUMMARY

　日本軍の戦車隊は中国との戦争を通して発展し、そのドクトリンと戦術はそれに大きな影響をうけていた。しかし中国軍には戦車がほとんどなかったため、中国では戦車対戦車の戦闘は起こらなかった。日本軍戦車隊の主要任務は歩兵支援であり、これが戦車の設計、部隊編制、戦術を決定した。

　中戦車に搭載された短砲身の57mm砲は歩兵の火力支援任務には有効だったが、対戦車能力は貧弱だった。軽戦車の37mm砲は対戦車砲としては無効で、歩兵支援にしか使えなかった。より大型の砲弾を使用する改良型の37mm砲が1942年に導入されたが、47mm砲同様、あまり使用されなかった。いずれも装甲貫徹力は若干改善されていたものの、あまりにも数が少なすぎた。75mm砲を装備した重戦車も開発されたが、これらは想定されていた本土決戦用に温存された。日本戦車の装甲は薄かったが、車重が軽かったため一般に機動力は優れていたものの、橋梁の荷重限界や劣悪な道路、湿地などによる制約をうけた。日本戦車は世界で最初にディーゼルエンジンを大量採用したが、これにより戦車と乗員の生存性がガソリンエンジンよりも向上した。

　日本軍戦車隊の車長と乗員は中国での実戦で鍛えられ、多くの戦術経験と高い技量を得ていた。かれらはその経験を身につけたまま、交替で本土に帰還、あるいは内地の部隊へ転属され、そして最後には太平洋戦線に派遣されたのだった。日本軍戦車隊は太平洋戦争の緒戦でめざましい働きをした。それらの作戦行動は多くが小規模だったにもかかわらず、得られた経験はやはり貴重なものだった。

　1939年にノモンハンで起きた戦車対戦車の戦闘によって日本軍の戦車設計、戦術、ドクトリンにおける多くの欠点が明らかになった。この戦い

1940年、東京における「皇紀2600年」の祝賀パレードで九五式軽戦車ハ号を左にしたがえて進む九七式中戦車チハの隊列。両戦車の迷彩パターンの類似性に注意。1944年4月29日の天長節（天皇誕生日）に撮影された写真でも装備はまったく同じであり、戦時中の日本軍機甲部隊がほとんど進歩していなかったことがわかる。

で日本戦車が対戦車戦闘をまったく考慮していない設計であること、歩兵を重視する保守的な参謀たちが機甲部隊の運用に不慣れであること、またかれらがソ連軍機甲部隊をいかに過小評価していたかが判明した。その後、日本軍は対戦車戦闘能力をより意識するようになり、47㎜砲を装備した九七式新砲塔チハなどの新型戦車が開発された。1939〜40年のドイツ軍機甲部隊の勝利後、日本軍もそのドクトリンを刷新し、戦車師団を編成した。しかし太平洋戦争の主な決戦場は海と空だった。戦場の制約のために投入できたのは小規模な戦車隊だけで、地形はたいてい戦車に適さず、火力では連合軍に圧倒された。新型戦車の生産は抑制され、本来ソヴィエトとの戦争を想定して満州に駐留しつづけていた戦車師団は確実に旧式化していった。戦争末期のサイパン島とルソン島での戦いでは時代遅れになっていた日本軍戦車隊は連合軍にあえなく敗北したが、これは従前からの諸弱点が戦術的な技量だけでは克服できなかったためである。

参考文献
SELECT BIBLIOGRAPHY

土門周平、市ノ瀬忠国［共著］『人物・戦車隊物語』光人社（東京 1982）

Forty, George, Japanese Army Handbook 1939-45, Sutton Publishing (Gloucestershire 1999)

学研編『陸軍機甲部隊』学習研究社（東京 2000）

加登川幸太郎『帝国陸軍機甲部隊』原書房（東京 1981）

機甲会『日本の機甲60年』戦史刊行会（東京 1985）

Tomio Hara, LtGen（原乙未生中将）, Japanese Combat Cars, Light Tanks and Tankettes, Profile Publications (Berkshire 1973)

Tomio Hara, LtGen（原乙未生中将）, Japanese Medium Tanks, Profile Publications (Berkshire 1972)

Rottman, Gordon L., World War II Pacific Island Guide: A Geo-Military Study, Greenwood Publishing (Westport, CT 2002)

戦車第七聯隊史刊行会『戦車第七聯隊史』刊行元不明（1992）

下田四郎『慟哭のキャタピラ サイパンから還った九七式中戦車』翔雲社（東京 1999）

Underwood, John L. Jr, & 滝沢彰, Japanese Armored Units of World War II, Nafziger Collection (West Chester, OH 2000)

US Army, Handbook on Japanese Military Forces, TM-E 30-480 (Washington, DC 15 September 1944)

『実録太平洋戦争 第5巻 硫黄島血戦から沖縄玉砕まで』中央公論社（東京 1960）

巻頭イラスト解説
PLATE COMMENTARIES

A：日本陸軍戦車の特徴
JAPANESE TANK CHARACTERISTICS

　初期の日本戦車には共通する特徴が数多くあったが、それには長所も短所もあった。後期の、とくに戦時中に開発された中・重戦車では装甲、武装、エンジン、懸架装置が改良されたが、連合軍戦車には結局追いつけず、しかも実戦にはほとんど使用されなかった。実戦に使用された戦車の多くは1935年採用の九五式ハ号をはじめ、戦前の設計だった。日本戦車には高度の職人技と高品質の素材が用いられていた。とくに動力伝達装置は秀逸で、自動調心ボールベアリングが贅沢に使用されていた。歯車形状は正確そのもので、ギアボックスや筐体の接合面は精度を高めるために手作業の削り出しだった。動力伝達歯車は表面硬化処理ではなく熱処理加工がされていた。懸架装置は堅牢な構造で、重要部品は保護されていた（圧縮バネは4mmの装甲で覆われていた）。乗員の出入りは容易だったが、乗員室は狭かった。日本戦車はアルミニウムと軽合金を多用した優秀なエンジンと防御力を犠牲にした薄い装甲板により、高い出力重量比（トンあたり約25馬力）を達成していた。機関室はアスベストの内張りで丁寧に断熱され、空気層が日射による過熱から乗員を保護していた。

後方から見た九五式ハ号で、片寄った左右非対称形の砲塔が特徴的。右後部装甲板のボールマウントからは機銃が取り外されている。小型ハッチは弾薬搭載と空薬莢の投棄に使用された（イラストA参照）。

例として九五式軽戦車ハ号を検証すると、全体的な特徴と、その短所と長所が見えてくる。

1 リベット接合と溶接を併用した車体構造
2 薄い表面硬化処理装甲板（均質硬化処理より多い）
3 三色迷彩塗装
4 操縦手席が右側
5 九七式7.7㎜車載機銃、20連弾倉、銃身装甲カバー、1.5倍照準眼鏡
6 全鋼鉄製履帯（ゴムパッドなし）
7 シーソー型懸架装置
8 防弾ガラスブロックのない拳銃胴視孔
9 展望塔胴視孔（観察ブロック、潜望鏡なし）
10 二枚式の車長展望塔ハッチ
11 小口径、低初速の主砲（九四式37㎜砲）
12 俯仰、限定旋回可能な主砲砲耳（装甲防盾なし）
13 主砲同軸機銃なし
14 砲塔後部に機銃を装備。敵の種類に応じて砲塔を旋回させる必要あり
15 少ない砲塔要員（車長が砲手と装填手を兼任）
16 空冷式ディーゼルエンジン

B：行軍隊形
MOVEMENT FORMATIONS

　（進行方向は頁上方）これらの隊形はパレード、全隊移動、または路上ないし路外行軍中の戦闘などで使用された。中隊長車は横隊隊形では第2小隊と第3小隊の中間に、縦列隊形では先頭に位置した。中隊本部付車輌と輜重隊はこれに後続した。車輌／各隊間の間隔は歩幅（75㎝）で示した。間隔は路外ではより広く取られた（注：以下のイラストで使用した車輌記号は日本軍の戦時中の資料で使用されていたものである。イラストCの凡例参照）。

1：横隊隊形の中隊。左から右に第4、第3、第2、第1小隊。中隊長車は横隊より30歩前方。非装甲車輌は横隊より30歩後方。戦車の側方間隔は10歩。
2：縦隊隊形の中隊。前から後ろへ第1、第2、第3（もしあれば第4）小隊。停止時の車間は5歩。
3：併立縦隊隊形の中隊。左から右に第4、第3、第2、第1小隊。中隊長車は隊列の30歩前方。非装甲車輌は隊列より30歩後方。
4：小隊の隊形。小隊は3ないし4輌の戦車からなっていた。楔形隊形では小隊長車は30歩前方を行き、それ以外は60歩の間隔で展開した。菱形隊形と丁字隊形では戦車の前後間、左右間の間隔は30歩。小隊は縦隊隊形と横隊隊形もとった。小隊が横隊をとる場合、小隊長車は隊列の中央に位置するか、前方についた。

C：中隊の攻撃隊形
COMPANY ATTACK FORMATIONS

　戦車中隊の二種類の主な攻撃隊形は（1）疎開隊形と（2）丁字隊形だった。これには中戦車1輌と軽戦車2輌が所属する中隊本部も加わり、その車輌は偵察に使用された。間隔は歩幅で示した。

　中隊の隊形にかかわらず、小隊車輌は楔形、菱形、丁字隊形をとったが、これは地形、植生、視界、敵砲火、運用戦車数によった。中隊本部の経理部と輜重隊は直接射撃の射程外になる後方にとどまり、可能ならば迫撃砲と軽砲の射程外に配置された。支援される歩兵隊は戦車隊の直前で横隊をとるか、戦車のあいだに分隊単位で縦列配置された（実際には小火器の銃弾を避けるため、各戦車の直後に縦隊でつづくことも多かった）。疎開隊形では中隊は波状攻撃が可能になるため、これは対戦車兵器で厳重に防御された陣地に対して用いられた。丁字隊形は正面を広げたい場合にとられ、前方への火力が最大になった。後続する第4小隊（もしあれば）は敵の側面を衝くことができた。

D：戦車中隊による攻撃
TANK COMPANY IN THE ATTACK

　歩兵師団に配属された戦車連隊は3個歩兵連隊に1個戦車中隊を割り当てるのが普通で、1個軽砲兵大隊の支援をうけた。戦車中隊は総攻撃を行なう歩兵大隊の直協支援のために配置され、それ以下の単位には分割されなかった。図の攻撃では大隊の攻撃を7㎝歩兵大隊砲2門に加え、75㎜砲4門からなる軽砲兵隊が支援している。

　1：前進した歩兵小隊群はすでに敵の外郭防衛線を確保している。歩兵

1944年夏、インパールで英第14軍に鹵獲された戦車第14連隊所属の九五式ハ号。砲塔側面前部（閉状態）と車体銃座側面（開状態）にある小型の覘視／拳銃孔に注意。ハッチの閉じられた展望塔の前面に車長用の覘視孔が見える（イラストA参照）。

の縦隊を随伴させた戦車隊が前線陣地を突破する。敵の左側面へ第二次攻撃が開始されているが、ここは師団砲兵隊が撃ち込んだ煙幕に覆われている。

2：第一波の戦車隊が敵前線陣地を制圧すると、今度は第二波の戦車隊が先行し、深層陣地――さらには敵の逆襲――と交戦する一方、第一波の戦車隊は残敵掃討と歩兵への援護射撃を実施する。

E：中戦車中隊の構成
MEDIUM TANK COMPANY STRUCTURE

戦車中隊の組織と編成はさまざまだった。中隊本部には1～3輛の戦車が所属し、各3～5輛の戦車からなる戦車中隊が3ないし4個所属していた。本例は中戦車小隊3個と軽戦車小隊1個からなる混成中隊である。中隊本部は2班から構成され、連隊長戦車と九七式軽装甲車2輛をもつ指揮班、および日本内燃機製の九五式小型自動車1台と三共製の九七式側車付自動二輪車4台をもつ経理班があった。第1から第3の各戦車小隊には九七式中戦車3輛、第4小隊には九五式軽戦車4輛が所属する。中隊輜重隊はいすゞ製の九七式四輪自動貨車5台と九四式六輪自動貨車3台を備えていた。輜重隊長は曹長で、ほかに軍曹3名と兵21名が配属されていた。中隊本部は戦車搭乗員をのぞくと、中隊長、曹長、輜重軍曹、兵器軍曹、喇叭手、運転手からなっていた。

F：戦車師団による遭遇戦
TANK DIVISION IN MEETING ENGAGEMENTS

遭遇戦ないし会戦とは、敵対する二つの部隊が出会って発生する戦闘である。諸外国陸軍のドクトリンではとくに敵戦力が大きい場合、直ちに有利な位置に占位して守備態勢を取るよう定めている例もある。日本軍では敵戦力の大小にかかわらず、敵がまだ行軍隊形から戦闘隊形に移る前に攻撃せよとされていた。本例では戦車師団をとりあげたが、戦車連隊の攻撃法も基本的に同じであり、当然ながらこれに歩兵、砲兵、工兵による支援が加わる。いずれの場合も占位位置と進撃路は地勢によった。以下の図では日本軍が赤色、連合軍が青色である（日本軍の表示法では敵は黒で表示した）。

1：連合軍機甲部隊を攻撃する戦車師団。通常の兵力支援をうけた日本軍の機動歩兵連隊（2）（ただし戦車旅団に割いた中隊をのぞく）が連合軍機甲部隊（1）の前進を阻止するため、防御陣地を構築する。支援兵力には師団の速射砲隊と防空隊（対地射撃に転用）が含まれる。砲兵連隊（3）（ただし戦車旅団に割いた大隊をのぞく）が歩兵連隊を後方から支援する。速射砲隊の主力（4）は前進する連合軍機甲部隊の側面に布陣して待ち伏せる。師団捜索連隊（5）は機動中の2個戦車連隊（6）の側面を防御し、連合軍予備部隊による包囲攻撃があれば迎撃する。砲兵大隊を随伴させた戦車旅団は側面攻撃または包囲攻撃に適した位置へ移動する。両旅団は同時に攻撃するのが望ましいが（7）、必ずしもその限りではない。状況的に有利ならば個別攻撃もありうる。各旅団は所属の2個戦車連隊で一

この大破した八九式中戦車は戦車第5大隊所属で、有名な西住中尉（P44参照）の乗車。チョークで囲まれた弾痕がかれが中国で経験した戦闘の激しさを物語っている（イラストH参照）。

斉攻撃を行なう。

2：連合軍機甲部隊との正面会戦。日本軍師団は戦車旅団（1）を2列の独立した縦隊で前進させるが、それぞれには機動歩兵大隊1個、砲兵大隊1個、工兵中隊1個の支援がつく。ただし一方の戦車旅団が第2戦車連隊を師団の予備戦力（5）に回しているのに注意。上記支援部隊以外の機動歩兵連隊（2）と速射砲隊（3）は連合軍部隊の正面もしくは側面へ移動する。上記支援部隊以外の砲兵連隊（4）は攻撃支援用の射撃陣地を構築する。歩兵中隊1個と工兵隊で補強された予備戦車連隊（5）は逆襲を実施するか、攻撃が優勢な方の旅団の増援にあたる。捜索連隊（6）は曝露している側面を防御し、包囲攻撃を試みるあらゆる連合軍部隊を撃退する。

G：戦車師団による総攻撃
TANK DIVISION IN DELIBERATE ATTACK

総攻撃における部隊の構成は地形、敵の布陣、戦術状況によって異なった。戦車旅団の攻撃は連合軍陣地に反復的かつ継続的に攻撃を加えるため、数波に分かれた戦車連隊により実施されるのが普通だった。

1：縦深がある堅固な防御陣地に対する攻撃。砲兵大隊（1）はできるだけ前方に進出し、敵の前線陣地および深層陣地を砲撃する。機動歩兵連隊（2）（ただし戦車旅団に割いた大隊をのぞく）は最大の脅威となる前線陣地を制圧する。2個の戦車旅団（3）は併行して攻撃を行ない、その2個戦車連隊で歩兵大隊とともに波状攻撃を実施する。攻撃は敵の部隊間の境界線を衝くのが望ましいが、これはそ

二人の戦車隊士官、岩仲義治（左）と細見惟雄（右）、1938年ごろの撮影。士官はツナギよりも通常型の軍衣を着ることが多く、戦車兵帽も当然被っていた。細見は昭五式軍装を着用しており、襟には端部が燕尾形をした兵科襟章をつけている──当時の戦車兵は歩兵科の赤、騎兵捜索隊は緑を使用していた。岩仲は九八式軍装を着用している。かれの右胸の戦車科を示す赤いM字型の兵科胸章にも注意。これは1940年に廃止された。

の部分の火力配置と部隊連携が常に手薄であるため。師団本部（4）は効果的な命令指揮のためできるだけ前方に進出する。工兵隊（5）（ただし旅団に割いた中隊をのぞく）および速射砲隊（6）は後続し、必要に応じて形勢有利な方へ増援に向かう。捜索連隊（7）は師団の後方を防御し、師団の連合軍防衛線突入後はその両側面を防御する。戦車旅団は敵深層陣地（8）へと攻撃を続行する。

2：二方向からの突破戦。機動歩兵連隊（1）（ただし戦車旅団に割いた大隊をのぞく）は砲兵連隊（3）（ただし戦車旅団に割いた大隊をのぞく）の支援をうけながら外郭陣地（2）を制圧する。左翼の旅団（4）は連合軍の主力陣地（6）を攻撃し、砲兵隊は旅団の進出にともなう歩兵連隊の攻撃を火力支援する。砲兵隊は側面の連合軍陣地に煙幕弾を撃ち込み、視界を奪う。右翼の旅団（5）は同目標へ前進し、その所属部隊は周囲の連合軍陣地を火力により蹂躙または制圧しつつ、最終的には連合軍主力陣地の側面を攻撃する。その確保後には連合軍の逆襲（7）を迎撃する態勢を整えるが、ここで日本軍航空隊による攻撃が行なわれれば理想的だった。

3：要塞地帯の突破。機動歩兵連隊（1）（戦車旅団に割いた大隊をのぞくが、戦闘工兵隊により大幅に補強されている）が防衛線（2）を突破し、突破口の両側面を固める。砲兵隊（3）は主力攻撃およびそれにつづく連合軍深層陣地での戦闘を支援する。歩兵隊と工兵隊で補強された先鋒の戦車旅団（4）は突破口を完全確保し、歩兵を支援する。突破口の確立後、これは援護部隊となり（5）、連合軍砲兵隊（6）を攻撃する。後続の戦車旅団（7）は突破口へつづき、主力攻撃部隊となり（8）、連合軍の逆襲（9）に対抗する。速射砲隊で補強された捜索連隊（10）は師団予備戦力をつとめる。

H：戦車隊と歩兵による攻撃　1930年代末、中国
TANKS AND INFANTRY IN THE ASSAULT; CHINA, LATE 1930s

　歩兵の前進は戦車隊の主砲および機銃射撃により支援された。中国軍には有効な対戦車兵器がなかったため、戦車はいるだけでも攻撃に貢献できた。守備軍は戦車が出現しただけで隊列を乱し、退却することもあった。図では前進する八九式乙型イ号中戦車2輌と九四式軽装甲車1輌（左、機銃を装備）に1個歩兵分隊が随伴する一方、50mm八九式重擲弾筒班が火力支援にあたっている。車長が前進の合図をしているのは第2小隊長車。手旗には多くの種類の単純な幾何学図案があった。もう1輌は砲塔後部の九一式6.5mm車載機銃を使用するため、57mm主砲を後方へまわしている。車体後部の超壕用の尾体に注意。これは日本軍が最初に入手したルノー軽戦車の尾橇の名残り。日本軍は敵が塹壕を多用してくることを想定していた。

九四式軽装甲車TKで、武装は九七式7.7mm機関銃1挺（イラストH参照）。

◎訳者紹介 | 平田 光夫

1969年、東京都出身。1991年に東京大学工学部建築科を卒業し、一級建築士の資格をもつ。2003年に『アーマーモデリング』誌で「ツインメリットコーティングの施工にはローラーが使用されていた」という理論を発表し、模型用ローラー開発のきっかけをつくる。主な翻訳図書に『第三帝国の要塞』『シュトラハヴィッツ機甲戦闘団』などがある（いずれも小社刊）。

◎日本語版監修者紹介 | 鈴木邦宏

1958年、愛知県豊橋市生まれ。模型メーカー「ファインモールド」代表取締役社長。「ファインモールド」はインジェクションキットとしては主に旧日本軍の軍用車両や航空機やドイツ軍の航空機などからアニメ作品に登場するメカまで幅広いキットを発売している。鈴木氏自身、旧日本軍車両の研究家としても知られている。

オスプレイ・ミリタリー・シリーズ
世界の軍装と戦術　5

第二次大戦の帝国陸軍戦車隊

発行日	2009年7月8日　初版第1刷
著者	ゴードン・L・ロトマン＆滝沢 彰
訳者	平田光夫
発行者	小川光二
発行所	株式会社大日本絵画 〒101-0054　東京都千代田区神田錦町1丁目7番地 電話：03-3294-7861 http://www.kaiga.co.jp
編集・DTP	株式会社アートボックス http://www.modelkasten.com
監修	鈴木邦宏
校閲	小川篤彦
装幀	八木八重子
印刷/製本	大日本印刷株式会社

© 2008 Osprey Publishing Ltd.
All rights reserved.

Printed in Japan
ISBN978-4-499-22993-7

World War II Japanese Tank Tactics
Gordon L Rottman & Akira Takizawa

First Published in Great Britain in 2008 by Osprey Publishing,
Midland House, West Way, Botley, Oxford, OX2 0PH, UK

Japanese Edition Published by Dainippon Kaiga Co.,Ltd

© 大日本絵画 2009
掲載記事・写真・図版等の無断転載を禁ず